Manifeste

L'expérience des personnes sans domicile pose des questions de recherche qu'il s'agit de traiter au coeur même de la cité. Nous, sociologues, anthropologues, géographes, politologues, designers voulons contribuer, avec nos différends, à faire connaître ce problème public. Transporter ces connaissances à la Cité du design, c'est donner un écho aux bruits de la rue, c'est aussi tenter la mise en forme de questions actuelles, essai d'innovation dans les modalités d'expression publique de la recherche en sciences sociales.

L'espace public est un espace de sociabilité arpenté par les chercheurs lors de leurs rencontres avec les personnes sans domicile. Les parcours de vie à la rue et les démarches de recherche s'entremêlent, résonnent et se réfléchissent mutuellement. De nouvelles significations viennent contredire les mots – SDF, sans-abri, jeunes errants, mal-logés – qui désignent habituellement le phénomène et les personnes. La singularité de chaque être, son inscription dans l'expérience collective, s'invitent comme questions de recherche.

Ces moments de partage de connaissances ne clôturent pas le travail du chercheur. On croit tout connaître tant le phénomène s'est banalisé. Mais non! En occupant la rue, la place, la friche, la gare, le foyer, l'asile, le squat, les personnes marquent des seuils délicats à franchir. Il faut retourner y voir, toujours explorer, poursuivre la conversation. Invisibilité / visibilité : nous sommes toujours confrontés à une surexposition ou une disparition.

Compter avec les citoyens sans domicile : le problème n'est plus alors celui de leur participation à l'organisation de l'assistance, mais celui de la construction de notre avenir politique commun.

Marie-Haude Caraës, Katia Choppin, Rémi Éliçabe, Édouard Gardella, Claudia Girola, David Grand, Carolyne Grimard, Élodie Jouve, Claire Lemarchand, Marine Maurin, Numa Murard, Pascale Pichon, Bertrand Ravon.

UNE EX-POSITION ENGAGÉE

Introduction

S'engager dans une exposition de recherche

Pascale Pichon et Marie-Haude Caraës,
co-commissaires de l'exposition

Janvier 2012 : le rapport d'information de l'Assemblée nationale propose, dans sa conclusion, de « relever le niveau de priorité collective accordée aux personnes sans domicile et sans abri, notamment en prévoyant une loi de programmation et d'orientation pluri-annuelle accompagnant la mise en œuvre de la refondation »[1]. Cette politique de refondation par l'accès au logement et à l'hébergement qui a renouvelé, sans l'évincer, la politique de l'urgence sociale, déployée depuis deux décennies, se poursuivra-t-elle dans les mêmes termes après les échéances électorales nationales ? Sans préjuger de l'avenir, cette actualité des politiques publiques de solidarité nationale réaffirme la volonté de ne pas dissocier la question SDF de l'avenir de notre monde commun. En cela, elle rencontre la question du politique que nous avons voulu placer au cœur de l'exposition *La Recherche s'expose. Espace public et sans domicile fixe.*

Nous entendons le concept de « politique » comme ce qui travaille à *fonder* les principes de la loi, du pouvoir et de la communauté et qui tient pour acquis la présomption d'égalité de ses membres[2]. C'est *le* politique de cette *fondation*-là que les chercheurs impliqués dans l'exposition considèrent comme l'enjeu majeur du sans-abrisme – néologisme construit sur le modèle du terme anglais *homelessness* désignant le phénomène et les situations des personnes sans abri – et qu'ils articulent avec une pensée de l'égalité dont les espaces publics forment une chambre d'échos sensible.

L'exposition est ainsi doublement en prise avec l'espace public, dans ses deux acceptions principales : celle d'un espace de l'opinion et du débat et, celle de ses matérialités qui ouvrent ou ferment des possibles et des conflits d'usages et de pratiques. C'est dans cet espace public sensible que s'est construit, au fil des années, la question collective des SDF et très concrètement, ce sont dans les espaces urbains centraux, intermédiaires ou périphériques que tentent de survivre les personnes sans abri. L'exposition de recherche se veut ainsi une manière de prendre date, en proposant une lecture

1 Danièle Hoffman-Rispal et Arnaud Richard, *Pour un service public efficace de l'hébergement et de l'accès au logement des plus démunis*, rapport d'information, n° 4221, Assemblée nationale, Paris, janvier 2012, p. 18.

2 Cf. Jacques Rancière, *Aux Bords du politique*, Paris, Gallimard, 1998.

renouvelée des questions de recherche au cours de ces deux dernières décennies de façon à rendre publique, par une autre voie – celle de la scénographie et de l'exposition de matériaux de recherche – la démarche des chercheurs.

Le propos introductif de ce catalogue veut témoigner de l'aventure que fut le risque de s'exprimer en choisissant un type d'écriture éloigné des modes de présentation des travaux universitaires. Quelles ont été les raisons académiques mais aussi celles non-académiques sur lesquelles s'est fondé le désir d'exposer la recherche ?

Côté chercheurs, nous pourrions user de ce qualificatif proprement politique pour qualifier l'exposition d'*émancipée*. Émancipée car elle affiche une position librement critique dans son rapport aux instances de pouvoir qui organise la recherche ; émancipée par rapport aux frontières épistémologiques disciplinaires ; et surtout, émancipée par l'enquête anthropologique qui lui donne sa validité parce c'est elle qui est en charge du souci d'égalité dans la confrontation à l'altérité. L'exposition forme ainsi un artefact qui rend visible la manière dont travaille toute une part des chercheurs de ce domaine de recherche : long travail de terrain ; ethnographie engagée auprès des enquêtés ; implication auprès des acteurs institutionnels et associatifs délégués à l'action sociale ; construction de scènes collectives pour élaborer, par tâtonnement, des problématiques de recherche au regard des travaux engagés, des questions liées à l'action et des résultats à confirmer ; dans les accords mais également dans les disputes et les controverses, constitution de réseaux de recherche, nécessaires parce que la dispersion des chercheurs peut signer leur isolement. Or ce sont plutôt les rencontres renouvelées et les déplacements, au double sens du terme, géographique et paradigmatique, qui constituent une force.

On voudrait insister sur le fait que la recherche sur le sans-abrisme n'est pas une simple addition de travaux de recherche singuliers, même si les portraits des chercheurs qui l'ont nourrie se dessinent en creux. Elle est un ensemble de démarches et de postures, de résultats et d'interprétations par la preuve de l'enquête[3]. Elle est un ensemble de comptes rendus des plus variés : depuis ceux consignés dans le cours même du travail de terrain, dans le dialogue voire la co-production de données avec les enquêtés, jusqu'à ceux relevant de l'analyse et de l'interprétation. Ces démarches et ces comptes-rendus dévoilent un monde associé de professionnels, de praticiens, d'étudiants, d'hommes et de femmes politiques, de chargés de mission, etc. Le chercheur est un parmi les autres et le monde auquel il appartient n'a que faire d'une position de surplomb.

3 Pour se débarrasser des préjugés, des fausses évidences, pour revenir sur ce que l'on croit connaître, pour analyser de façon critique l'impact et le ressort moral des histoires des malheurs comme, par exemple, celle de Robert Lefort dont on peut écouter et lire des extraits dans l'exposition (Arlette Farge et Jean-François Laé, *Fracture sociale*, Paris, Desclée de Brouwer, 2000).

Si l'espace public est le point de cristallisation par lequel le problème sociologique se construit, l'exposition de recherche, quant à elle, occupe un espace de création ouvert au public. C'est donc l'attention portée aux publics (publics *a priori* concernés par le problème public du sans-abrisme) qui a été prioritaire dans les intentions des chercheurs engagés dans l'aventure de l'exposition.

Premier constat particulièrement aiguë en ce domaine de recherche : la recherche en sciences sociales est toujours confrontée à d'autres savoirs disciplinaires, d'autres pratiques, d'autres formats de connaissance que ceux-ci soient médiatiques, professionnels, artistiques, etc., ou encore construits sur l'expérience du monde ordinaire. Cette confrontation est l'expression d'un monde pluriel où chacun trouve place, dans la coopération, comme dans la lutte et le conflit. C'est cette pluralité que souligne le philosophe Nelson Goodman lorsqu'il énumère sans hiérarchisation les manières de faire des mondes : « (...) frappante est la grande variété des versions et visions que permettent de nombreuses sciences, les travaux des différents peintres et écrivains, nos perceptions qui en sont nourries autant que les circonstances de nos propres intuitions, intérêts et expériences passées[4]. » Nous adhérons encore à sa pensée lorsqu'il ajoute que toutes ces versions ont besoin de conception autant que de perception, de contenu autant que de mise en forme, car compréhension et création cheminent de concert. C'est peut-être dans cet accord implicite avec la pensée pragmatique de Goodman que nous avons été conduits à produire une nouvelle version de ce domaine de recherche, que nous avons voulu rendre compte du cheminement et des procédés par lesquels les chercheurs mettent en forme le monde qu'ils explorent, que nous avons voulu retrouver des consensus comme des controverses, et rendre manifeste l'ajustement des savoirs face à d'autres savoirs.

Disposer de la Cité du design pour accomplir ce dessein a été une occasion incroyable car même si certains d'entre nous ont craint que sa trop belle architecture ne convienne pas à une exposition de recherche sur le sans-abrisme, leurs inquiétudes ont été balayées par deux arguments. Le premier repose sur le fait que la Cité n'est pas un musée ; nous ne proposons pas, en effet, une exposition artistique de sensibilisation à la cause SDF ; nous invitons plutôt le public à venir partager réflexion, connaissances et émotions (les émotions ont partie liée avec le savoir) dans ce lieu de travail, de recherche et de création. Le second argument rejoint le premier en ce sens que ce qui est exposé n'est pas un ensemble de résultats mais une démarche habitée de fragments, notes de terrain, enregistrements d'entretien, interprétations d'observation et présentée comme un montage.

4 Nelson Goodman (1978), *Manières de faire des mondes*, Paris, Gallimard, 2007.

Cette notion de « montage », empruntée à Georges Didi-Huberman, rejoint un deuxième constat non moins exigeant : rendre visible les enjeux scientifiques. Toute mise en forme tente de rendre manifeste des niveaux hétérogènes de compréhension. Dans l'exposition, ce sont les procédés de la simplification, de la décomposition, de la spécification qui ont prévalu afin tout autant de rendre sensibles les liens entre des données et des analyses que de rendre lisibles les tensions, occasion de relier à leur tour de multiples situations apparemment disparates et pourtant relevant toutes du même phénomène.

Voilà donc ce qui nous a conduits à nous engager dans l'aventure d'une exposition de recherche à propos d'un problème public et sociologique qui nous concerne tous. L'exposition ne boucle pas la série des interrogations ni la réflexion. On souhaiterait que demeurent présentes ces deux questions, une fois la visite achevée : quelle est la place de la recherche dans ce qui se répète, se traite et se réfléchit dans les actualités ? Et quelle est sa responsabilité dans ce qui ne se livre pas immédiatement au témoin ? Ces questions qui ne demandent pas de réponses immédiates affrontent des « points de tension » – ainsi que les nommait pendant le travail en séminaire qui a présidé à la naissance de l'exposition, le scénographe Grégory Lacoua[5] – portant sur la problématique même du sans-abrisme. Dans sa propre recherche d'une scénographie juste, l'homme de l'art a dû non seulement pénétrer dans l'épistémologie et les paradigmes des sciences sociales mais batailler avec les doutes dans lesquels les chercheurs se trouvaient au moment où il s'agissait justement de mettre en forme une position et un propos.

Et donc retournement de situation : côté scénographie, Grégory Lacoua, pour construire l'exposition, a dû adopter une posture d'immersion patiente dans la problématique SDF. C'est en effet à partir du regard porté par les chercheurs sur leur champ et leurs propres pratiques que la mise en scène s'est, petit à petit, mise à exister. Pas de grande révélation donc mais un travail assidu qui passe par une interrogation curieuse sur le quotidien des chercheurs : le séminaire, l'entretien, le recensement de données qu'il a fallu parfois réclamer avec force (la photographie, l'enregistrement sonore, le carnet de recherche, etc.), un film sur les biographies intellectuelles de quelques-uns. Tout un travail de déchiffrage pour révéler, pour montrer, pour mettre en forme. Ce à quoi les chercheurs ont consenti peu à peu, en même temps que se construisaient des liens de confiance réciproque.

Comment penser la place et le statut de cette exposition dans le contexte de la recherche sur le sans-abrisme ? L'exposition s'est révélée être un outil indispensable à l'investigation. Le geste

5 Et ses associés Sandrine Fonteneau et Matthieu Foulet, respectivement graphiste et vidéaste. Sans tous nos soutiens aux commissariats, ceux d'Élodie Jouve et de Claire Lemarchand, l'exposition n'aurait pu voir le jour. L'emploi du pronom possessif signe notre plus grande estime et fait retour sur ces longs mois de travail en commun au cours de séances collectives vécues comme des états de grâce et d'autres moments de doutes et d'inquiétudes. Avec tous les chercheurs et plus largement encore avec tous ceux et celles qui ont participé à l'aventure, nous avons éprouvé dans la durée ce que le terme « équipe » signifie.

du scénographe, sa saisie du monde, d'un monde, entrouvrent des analyses renouvelées des usages, des pratiques, des méthodes, des affects dans un champ de recherche. Le travail de scénographie – des dispositifs au graphisme, de la mise en scène à la gestion de l'espace – n'est pas un travail illustratif dont l'objet serait de compléter le texte, il n'est pas non plus un geste décoratif qui rendrait la recherche moins austère. À partir d'une visée documentaire, l'exposition conquiert un statut double : à la fois une trouée, une percée sur l'état du monde et un instrument de connaissance qui complète – tout chose égale par ailleurs – le travail scientifique. Il n'est plus vraiment temps de s'interroger, timidement et avec respect pour l'académie, sur les techniques de création. À quel moment l'exposition devient-elle un dispositif pertinent dont même l'impureté est porteuse de récits, d'informations, de représentations ? C'est un objet heuristique de première qualité dans lequel il faut plonger comme on plonge dans un texte. Certes, l'exposition peut être une activité créatrice et captivante pour ce qu'elle est ; associée à des questions de recherche, elle transcende la seule question eurythmique pour ouvrir l'imagination scientifique. Il faut laisser place à cette expérience. Observer et explorer révèlent ce que le texte laisse à la marge, complètent l'interprétation, la soulèvent parfois, incitent à de nouvelles explorations et création. L'exposition ouvre une riche expérience intime avec celui qui cherche.

Pascale Pichon, sociologue, maître de conférences HDR, Centre Max Weber (UMR 5283), Université de Lyon / Saint-Étienne.
Marie-Haude Caraës, politologue, directrice de la recherche, Cité du design, Saint-Étienne.

Double page suivante :
Vernissage de l'exposition

LE TERRAIN
DE RECHERCHE

DES CHERCHEURS,
LEURS MÉTHODES ET LEURS OUTILS

Le risque de l'exposition. Les coulisses d'un dialogue entre design et sciences sociales

Grégory Lacoua

L'exposition *La Recherche s'expose. Espace public et sans domicile fixe* propose de rendre visible la démarche de recherche en sciences sociales sur le sans-abrisme. Exposer la recherche, qui plus est une recherche traitant de la question des sans-abri, revêt un intérêt double. Premier intérêt : traiter de la problématique d'exposer un type de recherche, celle en sciences sociales, sur un sujet d'intérêt général, le sans abrisme ; il s'agit donc de donner à voir de ce qui fait acte de recherche en sociologie, en anthropologie, en géographie, etc., sur plus de trois décennies. Il s'agit aussi de rendre public les questions relatives aux sans domicile fixe, dans un espace de médiation singulier qui sollicite les sens et l'intelligence du spectateur selon d'autres modalités que le journal télévisé, le livre ou même le colloque. C'est immergé dans un espace que le visiteur appréhende des questions complexes de méthodes, de controverses, de résultats des recherches, elles-mêmes traversées de part en part par des interrogations morales sur la définition, le nombre, la place, le statut des sans domicile fixe.

Pour le designer, et dans un contexte où les sciences sociales ont peu utilisé le médium de l'exposition, ce projet permet d'explorer des formes originales de monstration des pratiques de recherche. Au-delà du besoin primaire qui pousse le designer à formaliser, il est surtout question d'inscrire le design au cœur de préoccupations sociales et d'entrevoir ce qu'il peut initier. Exposer la recherche est l'occasion de sortir les sciences sociales du monde universitaire, et ainsi d'aider ces disciplines à s'ouvrir à un plus large public, à mettre en débat leur pratique et à imaginer de nouvelles formes de valorisation de leur activité. Une démarche qui rejoint au fond, l'une des pratiques fondatrice des sciences sociales : la réflexivité[1].

Cette exposition – dédiée à un public mixte de scientifiques et de néophytes – invite le visiteur à appréhender la recherche dans sa complexité et sa diversité. Au travers de quatre temps de lecture – du plus didactique au plus contemplatif – l'espace est investi par des dispositifs qui marquent une intention singulière : prendre la mesure d'une pratique, en comprendre les analyses, rendre compte des impasses, en explorer les doutes, en saisir l'essence. L'énonciation de ce postulat n'a pas toujours fait consensus au sein de la communauté des chercheurs, et ce n'est que quelques semaines avant l'exposition

1 La réflexivité est la conscience que le chercheur développe à propos de sa présence sur son terrain de recherche. Cette capacité de recul consiste à prendre en compte l'impact de sa présence sur un terrain et à considérer les effets de cette présence comme faisant partie des données à étudier au cours de cette recherche, évitant ainsi de sombrer dans une démonstration empreinte de narcissisme ou d'égocentrisme.

que nous sommes – presque – tombés d'accord. La présence de ce « presque » incarne à lui seul l'une des principales difficultés du projet : inciter les chercheurs à lâcher prise pour définir, explorer – parfois démanteler – ce qu'exposer la recherche peut signifier.

Durant un an, au sein des séminaires préparatoires, des enjeux se sont construits au fil des débats : la singularité du chercheur, la question de l'engagement, la place des affects dans la recherche, etc. Ces situations de recherche, que l'institution des sciences sociales prend peu en compte, ont mis à jour une seconde difficulté : exposer la recherche constitue un acte d'ordre personnel pour les chercheurs – se dévoiler, prendre un risque, en un mot *s'exposer*. Pour autant, ce n'est qu'en osant, en prenant ce risque, que la recherche peut espérer que chacun saisisse la mesure de ce qu'est une recherche en sciences sociales, ce qu'elle nécessite d'intention, de conscience, de travail. D'une certaine manière, l'enjeu de l'exposition a résidé dans l'identification de ces difficultés ainsi que dans leur effondrement. C'est grâce à elles que nous avons pu affirmer ce que signifie « exposer la recherche ».

En ce sens, la scénographie est à l'image de son fondement. Le début de l'exposition met en scène un ensemble non-exhaustif d'écritures définissant autant de contextes de recherche. Des extraits de textes, de transcriptions d'entretiens, d'échanges au sein de la communauté des chercheurs et de reportages sont isolés et remaniés sous la forme de dispositifs visuels – graphiques et animés – et sonores. À mesure que l'on évolue dans l'exposition, les dispositifs sont volontairement moins académiques. L'objet de l'exposition se transforme pour interroger ce qui ne fait pas acte de sociologie en soi mais ce qui en détermine la richesse. La restitution scientifique dans sa forme classique disparaît, pour laisser place à d'autres modes de monstration, de l'interview à l'animation.

L'appréhension réciproque des sphères des sciences sociales et du design en est à ses prémisses. *La recherche s'expose* a atteint une dimension intermédiaire. Par la réorganisation et la mise en forme de données scientifiques, par le choix de dispositifs qui proposent au visiteur une incursion dans le champ des sciences sociales, cette exposition constitue une première synthèse qu'il s'agit dès à présent d'interroger. Les différentes méthodes et outils de recherche, l'impact d'un travail de recherche traitant des personnes à la rue dans un contexte politique, économique et socio-culturel, l'engagement des chercheurs, etc., forment un maillage dont la richesse et la complexité doivent être transmises aux spectateurs, sans lissage. À partir de cet énoncé, est-il possible d'élaborer des dispositifs scénographiques expérimentaux qui témoignent plus vivement encore, de la singularité, de l'influence, des limites de la recherche en sciences sociales ? La poursuite de cette réflexion implique sans aucun doute de laisser la communauté scientifique et plus largement le public s'emparer de l'exposition et réagir.

Grégory Lacoua, designer-scénographe, Paris.

Doubles pages suivantes :
Croquis préparatoires © Grégory Lacoua.
Vue de l'exposition © Sonia Barcet.
Détail de l'exposition © Sonia Barcet.

noir
TIMER

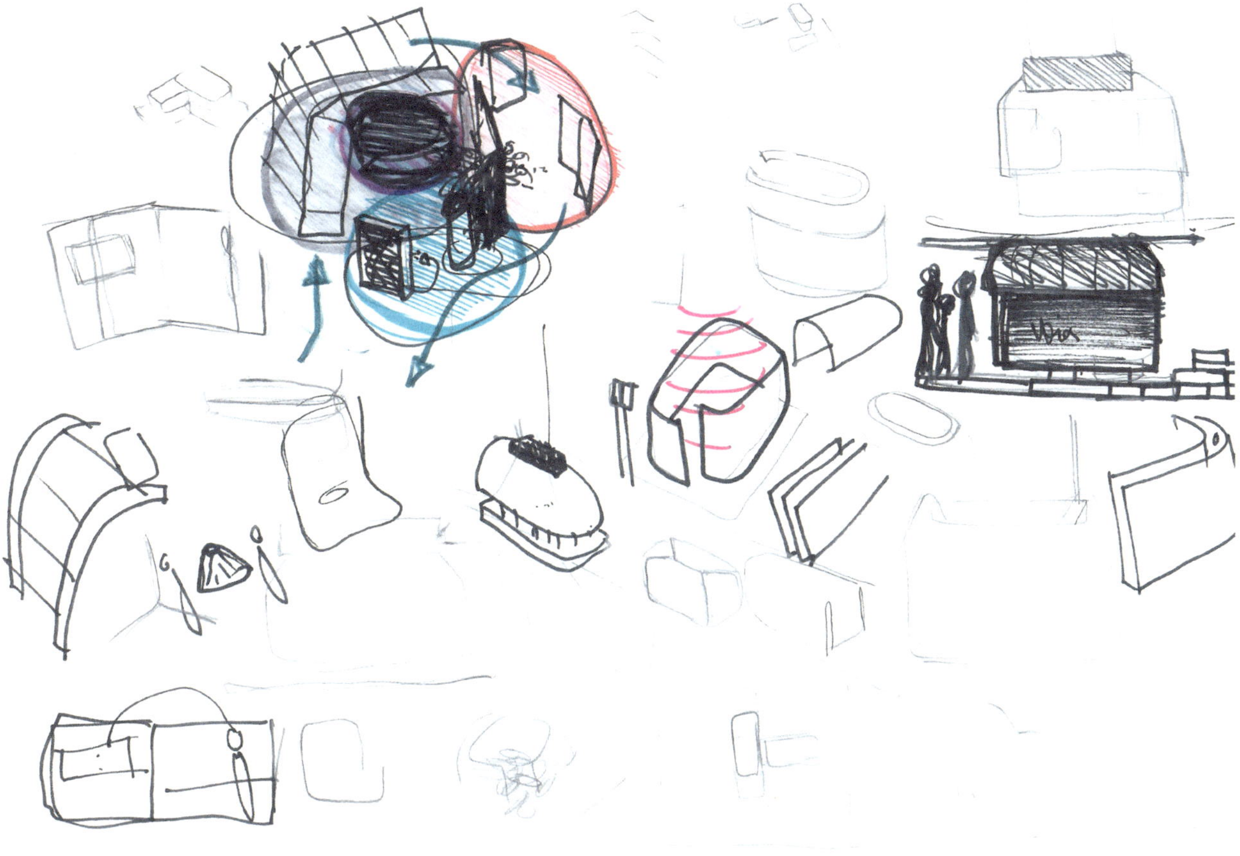

LE TERRAIN DE RECHERCHE
L'ESPACE PUBLIC EN QUESTION

LA RECHERCHE À L'ÉPREUVE
LA RECHERCHE IMPLIQUÉE

LA RECHERCHE EMBARQUÉE
LE TERRAIN DE RECHERCHE
L'ESPACE PUBLIC EN QUESTION
L'édification de la ville contemporaine est en permanence interrogée par les questions relatives à la pauvreté. C'est précisément dans cette tension que s'inscrit le travail d'Isaac Joseph qui s'intéressa à partir des années quatre-vingt-dix aux formes marginales de sociabilités dans l'espace public. Il accompagna, au titre de conseiller scientifique, et au côté de Jeanne Levasseur, des programmes de recherche sur les personnes sans domicile au PUCA (Plan urbanisme construction architecture).

UNE PHYLO-GÉNÈSE DU SANS-ABRISME

Le domaine du sans-abrisme et son vocabulaire

coordonné par Marine Maurin

Le parti pris qui a présidé à la réalisation du vocabulaire du domaine du sans-abrisme[1] – dont certains mots choisis sont proposés tout au long du catalogue – a consisté à rassembler des expressions, notions ou concepts mobilisés et réinterprétés de manière significative et cohérente par des chercheurs francophones explorant un même domaine de recherche au cours de ces deux dernières décennies. Pour autant, les acceptions proposées n'offrent pas un ensemble stabilisé qui dessinerait les contours d'une nouvelle spécialité, d'un glossaire spécifique ou d'un lexique raisonné. Il s'agit plutôt d'inviter le lecteur à pénétrer dans l'atelier de la recherche en sciences sociales, en donnant à lire des pensées au travail où s'affûtent les catégories de la description, de l'interprétation, de l'analyse et de la théorie. Ces outils sont parfois provisoires ou en tout cas pourront être délaissés au profit de nouveaux outils plus adéquats. C'est en cela que ce vocabulaire n'a pas pour vocation à être clôturé. Il invite au contraire à ouvrir l'espace de l'intuition, de l'interprétation et de l'analyse. Parce qu'il n'a aucune prétention à l'exhaustivité, ce vocabulaire propose une boussole pour le lecteur qui souhaiterait arpenter, avec quelques repères, le domaine de la recherche sur le sans-abrisme et ses espaces d'enquêtes, d'études et d'expertises connexes, comme ceux de la pauvreté, de la marginalité, de l'habiter, de la ville.

Chaque terme renvoie à un ou des auteurs et à des contextes d'usages profanes ou savants, signalant les points de rencontre, des nuances ou encore des considérations divergentes, parfois des controverses. C'est l'ultime intérêt de ce vocabulaire : ouvrir sans ambiguïté l'espace de la discussion, parce qu'il est à même de déborder de toute part l'entreprise d'exposition inachevée et imparfaite d'un corpus de recherches.

I Ce vocabulaire est le fruit d'un travail collectif de chercheurs en réseau. Katia Choppin, Édouard Gardella, Claudia Girola, Élodie Jouve, Pascale Pichon, Shirley Roy, Marc Breviglieri, Christophe Blanchard, Florence Bouillon, Numa Murard, François Chobeaux et Bertrand Ravon ont participé au choix des termes et à l'écriture de leurs définitions.

Clochard

Catégorie sociale qui, sous la plume d'Alexandre Vexliard[1] a remplacé celle du vagabond du XIXe siècle. Au début des années 1950, il est l'un des premiers sociologues français à s'intéresser à cette nouvelle catégorie de personnes. Pour lui, les clochards ne constituent pas un groupe homogène mais regroupe de multiples situations et parcours de vie. Toutefois, le clochard est celui qui s'est extrait de la vie sociale, qui est désocialisé pour se resocialiser dans le monde des clochards. Cette désocialisation-resocialisation du clochard provient selon Alexandre Vexliard à la fois des origines sociales, de l'environnement social dans lequel il vit avec ses contraintes structurelles (chômage, formation) et des problèmes individuels.

Dans les années 1980, Patrick Declerck[2] optera lui aussi pour ce terme de « clochard » ciblant exclusivement les personnes rencontrées dans le cadre de son activité de soin au Centre d'hébergement et d'assistance aux personnes sans abri (CHAPSA) de Nanterre. Cette catégorie ne reflète donc pas précisément la réalité des situations multiples et instables. L'auteur, psychanalyste et anthropologue, insiste plus particulièrement sur les origines sociales pauvres des clochards ainsi que sur leurs psychopathologies personnelles. En ce sens, Patrick Declerck désigne les clochards comme les plus désocialisés des SDF. Dans une approche ethnographique, Patrick Gaboriau[3] s'intéresse également à un petit groupe de personnes à la rue vivant dans le 16e arrondissement de Paris qu'il désignera sous le terme de « clochard », en mettant en évidence l'héritage d'une culture de la place publique.

1 Alexandre Vexliard, *Introduction à la sociologie du vagabondage*, Paris, Rivière, 1956.

2 Patrick Declerck, *Les Naufragés. Avec les clochards de Paris*, Paris, Plon, 2001.

3 Patrick Gaboriau, *Clochard : l'univers d'un groupe de sans-abri parisiens*, Paris, Julliard, 1993.

Sans-abri

En Belgique, la catégorie « sans-abri » désigne une personne qui n'a ni adresse de référence pour avoir droit à de l'aide sociale, ni lieu permanent où loger et mener une vie digne[1]. Plus largement, la catégorie désigne une personne qui n'a pas de résidence habitable, qui ne peut par ses propres moyens, disposer d'une telle résidence et qui se trouve sans résidence ou dans une résidence collective où elle séjourne de manière transitoire, passagère en attendant de pouvoir disposer d'une résidence personnelle (projet de loi, 91-92). En 2011, en France, lors du deuxième recensement des sans-abri effectué par l'INSEE, une définition restrictive a été adoptée qui diffère de celle de « sans domicile » fixée précédemment. Pour l'INSEE, une personne sans abri est une personne qui « dort le plus souvent au moment de la collecte dans un lieu non prévu pour l'habitation (rue, cave, parking, jardin public, sous un pont, terrain vague, hall de gare, cage d'escalier, voiture, sous une tente) ». Cette définition est alors calquée au premier degré de l'expression « vivre dans la rue ». Cette définition de « sans-abri » exclut toute personne qui peut être hébergée dans des structures d'hébergement qu'elles soient d'urgence ou non. Par exemple, les personnes hébergées en centre d'hébergement d'urgence sont recensées au titre de « communautés » tout comme les maisons de retraite ou encore les camps militaires. Le terme de « sans-abri » pour l'INSEE est donc très restrictif. Dans l'usage courant, mais également au niveau des politiques publiques internationales (par exemple 1987 : année internationale des sans-abri décrétée par l'ONU – International Year of shelter for the homeless), la dénomination « sans-abri » insiste sur la dimension de l'habitat ou du domicile comme explication de la pauvreté ou de l'exclusion. Elle a également une portée plus large en s'appliquant aux phénomènes liés à des catastrophes naturelles ou non (tremblement de terre, inondations, guerre) et désigne alors les personnes qui ont perdu leur lieu de résidence. Dans ce cas, la situation de sans-abri est considérée davantage comme collective qu'individuelle. Les chercheurs usent d'une catégorie ou d'une autre – sans-abri, SDF, sans-logis, clochard, sans-domicile – selon qu'ils veuillent se démarquer des désignations officielles les plus courantes, voire les déconstruire, au contraire en montrer la performativité ou encore se rapprocher de la désignation choisie par les personnes enquêtées. Un même chercheur peut recourir à plusieurs catégories en fonction de ses terrains d'enquête et de ses questionnaires.

1 Bernard Francq, « Irrésolution des politiques publiques en Belgique : des pauvres aux sans-abri », Pascale Pichon (s.l.d.), *SDF, sans-abri, itinérant. Oser la comparaison*, Louvain, Presses de l'Université de Louvain, 2008, pp. 59-69.

Sans-domicile

Catégorie forgée par et pour les besoins des enquêtes statistiques conduites par l'INED au milieu et à la fin des années 1990, puis par l'INSEE en 2001. Elle définit une population en termes de stock, et non en termes de flux, et est à cet égard critiquée par le monde associatif car elle minore le nombre des individus concernés. Une personne est ainsi définie comme sans-domicile au sens de l'INSEE si, rencontrée dans un lieu d'assistance (services d'hébergement, distributions de repas chauds midi ou soir), elle a passé la nuit précédant l'enquête dans un lieu non prévu pour l'habitation (rue, abris de fortune, etc.) ou dans un service d'hébergement gratuit. En 2001, en France (dans les agglomérations d'au moins vingt mille habitants), on compte cinquante-quatre mille cinq-cents adultes sans domicile et seize mille enfants). Une nouvelle enquête est réalisée par l'INSEE et ses partenaires (2012).

Sans-logis

Terme plus particulièrement utilisé par Patrick Gaboriau et Daniel Terrolle qui définissent les personnes sans logis comme des individus vivant « dans une situation de précarité qui constitue le type même de la misère »[1]. Ces auteurs cherchent à révéler les rapports de domination dont sont victimes les sans-logis, et qu'ils perçoivent dans la constitution même de dénominations permettant d'unifier un ensemble hétérogène de personnes et de situations. Pour ce faire, ils se détachent de l'appellation « SDF » et y substituent celle de « sans-logis », tout en rappelant que la visée de leurs travaux n'est pas de définir les pauvres, ni d'établir une définition du terme « sans-logis » mais bien de mettre à jour les enjeux de catégories.

1 Patrick Gaboriau et Daniel Terrolle (s.l.d.), *Ethnologie des sans-logis : étude d'une forme de domination sociale*, Paris, L'Harmattan, 2003.

SDF

Acronyme de sans domicile fixe, « SDF » est un terme administratif qui s'impose dans le langage courant à la fin des années 1980. Cette catégorie désigne des personnes dépourvues de lieu de résidence. En ce sens, les gens du voyage, les forains ou toutes autres personnes non sédentaires étaient désignées ainsi. C'est à partir des années 1990, que cette désignation fera l'objet d'un travail social de définition et de restriction de sens. Le terme « sans » pointe notamment un manque : un déficit de logement mais aussi un écart à la norme de la sédentarité. Selon Claudia Girola[1], le terme « SDF » parle surtout du conflit entre l'État et les intérêts locaux. Depuis la décentralisation, les populations en grande précarité sont sous la responsabilité financière de l'État. Mais cela ne peut se matérialiser qu'à travers l'action concrète des communes, qui ne reconnaissent pas ceux qui ne peuvent prouver qu'ils sont des habitants de la commune[1]. Cette catégorie s'imposera dans le sens commun notamment par son utilisation et sa construction par les médias. Ce travail de catégorisation, au lieu de mettre en valeur les différences des personnes SDF va plutôt homogénéiser ce groupe et contribuer à l'enfermer dans cette catégorie[2].

1 Claudia Girola, « Le temps et l'espace : deux termes indissociables pour la compréhension des pratiques identitaires des personnes sans abri », Danielle Ballet (s.l.d.), *Les SDF : visibles, proches, citoyens*, Paris, PUF, 2005, pp. 65-78.

2 Pascale Pichon, « L'avènement de la reconnaissance publique : "Je suis SDF" », Étienne Savoie (s.l.d.), *Les noms que l'on se donne. Processus identitaire, expérience commune, inscription publique*, Paris, L'Harmattan, 2001, pp. 79-101.

Sous-prolétaires

Catégorie ayant pour objectif de déconstruire d'autres catégories comme « SDF » ou « jeunes de banlieue », qui tendent à consolider l'idée que la société serait séparée en deux : les inclus et les exclus, faisant ainsi disparaître les rapports d'exploitation et de domination exercés par le système capitaliste. Il réinscrit ainsi ces divers individus dans une condition socio-économique commune plus vaste, caractérisée par une situation de domination extrême et une circulation entre aide sociale, petits boulots et contrats précaires. Se produisent au sein même de ce groupe des désaffiliations, qui conduisent à la situation de sous-prolétaire à la rue. Selon Corinne Lanzarini[1], ces sous-prolétaires à la rue, marqués par la fragilisation de leurs bases anthropologiques (habitat, nourriture, soutien social, sexualité), ne peuvent que développer des tactiques de survie face aux violences institutionnelles qu'ils subissent. Les sous-prolétaires, et encore plus les sous-prolétaires à la rue, habitent ainsi un autre monde que le monde ordinaire.

1 Corinne Lanzarini, *Survivre dans le monde sous-prolétaire*, Paris, PUF, 2000.

Vagabond

Catégorie de l'action publique d'une grande densité historique. Dès le XVIIIe siècle, le vagabondage, soit circuler sur le territoire sans adresse permanente et sans moyen de subsistance certain, est reconnu comme un délit (articles 269 à 273 du Code pénal de 1810) qui peut être puni de trois à six mois de prison. Cette catégorie est largement reprise dans le champ d'étude pour rendre compte de la vie, du statut du vagabond du Moyen-Âge à nos jours[1]. Les vagabonds sont aussi appelés « miséreux », « loqueteux », « gens sans aveu », « indigents » ou encore « hobos ». Le *hobo*[2], figure propre aux États-Unis de la moitié du XIXe siècle jusqu'au début du XXe siècle, désigne un ouvrier migrant ne possédant ni domicile, ni véritable attache, ni famille.

1 José Cubero, *Histoire du vagabondage du Moyen Âge à nos jours*, Paris, Imago, 1998.

2 Nels Anderson (1923), *Le Hobo. Sociologie du sans-abri*, Paris, Armand Colin, 1993.

Petite histoire d'une notion : « l'itinérance »

Shirley Roy

Tous les pays à économie dite « développée » ont leur lot de personnes vivant à la rue ; les richesses étant si inéquitablement réparties, on accepte, on tolère ou on est indifférent au fait qu'une partie de nos concitoyens n'ait rien, pas même un domicile où se réfugier. Même si les réalités de la vie à la rue peuvent avoir des caractéristiques proches d'un pays à l'autre, leurs dénominations les distinguent, laissant apparaître non pas seulement des régionalismes mais aussi des conceptions, des manières de voir, des priorités explicatives. Le Québec se distingue des autres pays de langue française en nommant « itinérance » le phénomène de la vie à la rue. Ce néologisme, utilisé par les chercheurs en sciences sociales, se fonde sur les questions posées depuis les terrains de la pratique et de la prise en charge sociale. Les enquêtes de terrain ont en effet toujours été conduites en lien avec les milieux communautaires, professionnels et bénévoles[1].

La signification de l'appellation « itinérance » s'est dévoilée au fur et à mesure des recherches menées au cours de ces vingt dernières années par le collectif de recherche, le CRI[2]. Ce premier élément de contexte, qui consiste à conserver une expression du sens commun, a obligé les chercheurs à un investissement théorique pour construire des méthodologies d'approche exigeantes et rigoureuses et proposer des résultats probants. L'une des difficultés de la construction de la notion d'« itinérance » s'est manifestée dans l'absence d'un socle de propositions théoriques fortes auxquelles pouvaient se rattacher les questionnements de départ. Alors que généralement, dans la recherche en sciences sociales, le chercheur tente de renouveler la réflexion, de se distancer de ce qui a été proposé ou de confirmer les thèses existantes, sur la question de l'itinérance, rien de tel. Le terrain était en quelque sorte vierge, les études antérieures étaient peu nombreuses et peu éclairantes au regard des réalités observées. Les psychologues ou les psychiatres interprétaient les comportements des vagabonds en termes de démence ou de déviance individuelle et, les études historiques, quoique passionnantes, ne permettaient pas d'expliquer de manière plausible la réalité contemporaine de l'itinérance, celle-ci s'étant grandement transformée autant dans sa nature que dans sa configuration. Dans ce contexte, les chercheurs du CRI ont été en quelque sorte « projetés » dans un travail de défrichement et de

1 En France on parlerait de services sociaux publics ou associatifs.

2 Le CRI est une infrastructure de recherche qui réunit des chercheurs de différentes disciplines, de différentes universités et des professionnels des milieux de pratiques communautaires et institutionnels. J'ai co-dirigé ce collectif avec Roch Hurtubise, professseur à l'Université de Sherbrooke, Québec.

construction d'un champ théorique nouveau avec ce que cela représente de défis, d'emballements, mais aussi de difficultés et d'apories. Au-delà même de son empirie, la question de l'itinérance permet de réfléchir et de reconsidérer les rapports sociaux de nos sociétés contemporaines parce qu'elle met en scène des dimensions économiques, institutionnelles et politiques, des dimensions liées à l'action et à l'organisation sociale, des dimensions symboliques, psychologiques et intimes.

Sensible à ces enjeux scientifiques et sociétaux, le collectif de recherche a développé des connaissances sur les différentes dimensions de ce phénomène pour en saisir les variantes et les subtilités et pour rendre raison à toutes ces réalités vécues. Ont été alors explorés les processus, les situations, les trajectoires de vie, selon différentes entrées sur le terrain : les refuges, l'espace public, les populations, les prises en charge, la judiciarisation, etc. ; les enquêtes se sont appuyées sur des cueillettes multiples, ethnographiques, statistiques, documentaires, à partir de regards disciplinaires croisés. Ce fut le travail principal du collectif pendant près de dix ans.

Sortir de la stigmatisation effective ou potentielle : des déplacements nécessaires

Parler de l'itinérance et le faire avec les expressions et les mots du langage ordinaire met le chercheur dans une posture de reproduction ou de renforcement de la stigmatisation qui provient de la dénomination. En même temps, changer les termes ou ne pas avoir recours au langage ordinaire écarte trop rapidement les significations issues des milieux de l'intervention que les personnes concernées peuvent également reconnaître, voire revendiquer. Quatre déplacements majeurs ont marqué notre itinéraire intellectuel.

Un premier déplacement sémantique s'est opéré au début des années 1980. Le terme « clochard » est associé à ceux qui dorment n'importe où et qui, durant les froides nuits de l'hiver québécois, fréquentent les refuges de nuit. Pour compenser les effets du froid, de nombreux individus consomment régulièrement et abondamment de l'alcool frelaté que l'on nomme « robine » ; les hommes à la rue qui adoptent cette pratique sont nommés les « robineux ». Cherchant à sortir de cette explication centrée sur l'agissement de l'individu marqué par une pratique alcoolique, un déplacement s'opère pour tenter de comprendre le processus de venue à la rue. Le terme de « clochardisation » permet alors de marquer une distance avec l'analyse reposant uniquement sur les caractéristiques individuelles, pour se centrer sur le processus d'alcoolisation et de la vie à la rue.

Un deuxième déplacement s'est accompli avec le remplacement du terme « clochard » par celui d'« itinérant ». On cherche par là à lever l'hypothèque d'une désignation strictement négative pour placer le lieu de l'explication au niveau de la mobilité et du déplacement.

1985

Bruno du Pouget, Chrystel Jeantet, Christian Merley, *Être à la rue dans le département du Rhône, analyse de 100 interviews et du dispositif social de réponse d'urgence*, rapport, Direction départementale des affaires sanitaires et sociales (DDASS), Lyon, CREAI.

D'une part, les professionnels des milieux de la pratique nomment les personnes accueillies ou hébergées ainsi en raison de leur itinéraire de déplacements quotidiens. D'autre part, les chercheurs refusent la désignation « sans domicile fixe » en usage en France, au fait que cette catégorie administrative qui désigne un statut dans le cadre des politiques publiques étatiques françaises n'a pas de correspondance dans la législation québécoise. Le sigle SDF pose comme explication prioritaire l'instabilité résidentielle et, tout en caractérisant aussi le phénomène au Québec, cette seule ou principale explication ne peut convenir au regard de la diversité des populations et des personnes vivant à la rue.

Un troisième déplacement a vu le terme « itinérant » délaissé au profit de l'expression « personne itinérante ». De fait, le mot « itinérant » renvoie à la dimension déterministe des explications ; la personne a tendance à être réduite à ses caractéristiques. L'expression « personne itinérante », quant à elle, laisse réapparaître le fait qu'il s'agit d'une des dimensions de la vie des personnes à la rue, une parmi d'autres. Mais plus important, l'expression « personne itinérante » réintroduit le statut d'acteur : une personne capable de choix, de réflexivité, d'actions même si ce ne sont pas celles généralement attendues des instances sociales qui les accueillent.

Enfin, un ultime déplacement marque le passage d'un regard porté sur la personne itinérante à la situation d'itinérance. Ici, l'angle d'analyse choisi s'attarde sur cette production sociale à la jonction du politique et de l'individuel. La situation d'itinérance donne à voir la misère associée à la souffrance et à la solitude de ceux et celles qui sont à la rue. Elle n'est ni un statut, ni ne recouvre *stricto sensu* une population, mais dessine plutôt une configuration de situations. Elle englobe une diversité de problématiques. L'accent est mis sur les conditions et les contextes dans lesquels des personnes se trouvent et qui se caractérisent par une grande fragilisation des repères et des ancrages. La situation d'itinérance insiste sur l'interconnexion des différents éléments qui construisent le phénomène de l'itinérance : dimensions structurelles, institutionnelles et individuelles.

L'attention portée aux mots et à leurs usages dans le langage ordinaire et dans le champ scientifique permet de pointer des réalités complexes et changeantes. Le choix des notions et des concepts en tant qu'outils d'investigation et de questionnement accompagne le chemin parcouru et ouvre à une réflexion épistémologique féconde.

Shirley Roy, professeure titulaire, département de sociologie UQAM, co-responsable scientifique du Collectif de recherche sur l'itinérance, la pauvreté et l'exclusion sociale (CRI), Montréal.

1987

Année internationale des sans-abri (*International Year of shelter for the homeless*), ONU.

Joseph Wresinski, fondateur du mouvement ATD (Aide à toute détresse) Quart Monde, *Grande Pauvreté et précarité économique et sociale*, rapport, Conseil économique et social.

Recension bibliographique et cumulativité des savoirs

Katia Choppin et Édouard Gardella

Nous partons de notre situation historique, relativement inédite : le sans-abrisme[1] est devenu un problème public défini de façon dominante par des enjeux d'assistance, ce qui marque une nouveauté en regard de la longue histoire, depuis l'époque moderne, du traitement de ces populations par l'État, où la répression, même associée à des formes d'aide, était jusqu'alors prégnante. La spécificité de notre époque, c'est bien la montée d'une assistance assurée par l'État, parallèle à une baisse de la répression puis à sa disparition au niveau national (dépénalisation des délits de mendicité et de vagabondage en juillet 1992) et sa transplantation au niveau municipal, comme en atteste la récurrence depuis 1993 des arrêtés dits « anti-mendicité ».

Centré sur une population et des situations aux contours très flous, ce domaine de recherche – de 1987 à 2012 – a pour caractéristique de connaître une grande variété de dénominations. Il recouvre les « SDF », « personnes sans domicile fixe », « sans domicile », « sans-abri », « sans toit », « errants », « itinérants », « clochards », « exclus », « marginaux », « vagabonds », « mendiants ». Il renvoie aussi au domaine de « la vie à la rue » ou aux politiques publiques spécifiques, « les arrêtés anti-mendicité », « l'urgence sociale », « la continuité de l'hébergement », « le droit au logement opposable » ou encore « le Logement d'abord ».

Le projet de constituer une bibliographie commentée des productions scientifiques sur le sans-abrisme s'appuie sur la conviction partagée que les rapports entre recherche scientifique et demande sociale et politique ne peuvent se limiter à la seule alternative entre une expertise légitimant les politiques publiques ou les actions des grandes associations, et une critique qui serait désengagée des réponses sociales en direction de ces publics cibles[2].

En donnant à voir les divers travaux et en explicitant les notions et concepts centraux des enquêtes sur le sans-abrisme, nous proposons un outil sociologique pour mieux appréhender ce problème social devenu public. Ce travail s'inscrit en effet à la suite d'un questionnement qui habite la plupart des chercheurs dans ce domaine : une « interrogation

1 Sous ce néologisme, construit sur le modèle du terme anglais *homelessness*, nous entendons tout à la fois le problème public d'un phénomène socio-économique et politique, le processus sociologique qui conduit à devenir SDF ou sans-abri et encore les situations vécues par les personnes elles-mêmes.

2 Il convient ici de resituer ce projet de recension bibliographique dans son contexte. Depuis trois ans, une équipe de chercheurs et jeunes chercheurs se réunit régulièrement à Saint-Étienne autour de Pascale Pichon et de Bertrand Ravon, universitaires et chercheurs au Centre Max Weber. À partir d'un questionnement sur les relations entre demande sociale, politique et recherche scientifique sur les SDF, cette recension bibliographique est un complément au colloque international des 7, 8 et 9 mars 2012 et de l'exposition de recherche *La recherche s'expose. Espace public et sans domicile fixe.*

1988

Loi du 1er décembre portant sur le Revenu minimum d'insertion (RMI).

sur la place et l'utilité de la recherche face à l'installation et la banalisation du phénomène du sans-abrisme[3] ». Il s'adresse donc à une diversité de publics : il veut être un cadre pour favoriser la cumulativité dans le domaine scientifique, mais aussi un outil pour les acteurs, personnes sans domicile, professionnels du social, bénévoles, militants associatifs, agents administratifs, élus politiques, journalistes, qui partagent la conviction qu'action et connaissance s'alimentent l'une et l'autre, et que ce « n'est qu'en considérant les connaissances disponibles, en promouvant les débats et les controverses que se dessinent des choix politiques[4] ».

3 Pascale Pichon (s.l.d.), *SDF, sans-abri, itinérant. Oser la comparaison*, Louvain-la-Neuve, Presses de l'université de Louvain, 2008.

4 Maryse Marpsat, Pascale Pichon et Jean-Marie Firdion, « La genèse de la recherche en France : deux approches complémentaires », Pascale Pichon (s.l.d.), *SDF, sans-abri, itinérant. Oser la comparaison*, *op. cit*, pp. 99-114.

À partir de quelles perspectives le domaine du sans-abrisme se développe-t-il ? Nous répondons à cette question en proposant quatre entrées par lesquelles les chercheurs se saisissent du phénomène. La première, du problème social au problème scientifique : nommer, objectiver, enquêter recense les travaux qui portent sur les possibilités de nommer, de désigner et de catégoriser le problème, que ce soit par les acteurs de la prise en charge ou par les chercheurs eux-mêmes. La deuxième, les dispositifs d'assistance des personnes SDF, rassemble les travaux qui analysent les dispositifs locaux de « prise en charge » et la relation d'aide qui s'y joue entre intervenants sociaux et personnes SDF. La troisième, la question SDF comme problème public, traite des enquêtes sur la dimension publique du sans-abrisme, c'est-à-dire sur les façons dont il prend forme dans l'espace public, qu'il soit celui, abstrait, des arènes de controverses et des politiques publiques, ou celui, matériel, dans lequel divers usages se confrontent et s'associent. La dernière, la vie entre rue et assistance : expériences et expédients, concerne les travaux qui décrivent et par là même donnent regard sur la vie quotidienne des personnes sans abri, le plus souvent à un niveau anthropologique.

La cumulativité n'a pas de sens si elle se réduit à un amoncellement de savoirs. Nous croyons au contraire que c'est en passant par des moments de synthèse de travaux spécialisés, que les acquis d'un domaine de recherche se clarifient, et que les concepts forgés sur des situations singulières peuvent ensuite migrer par analogie vers d'autres domaines, contribuant ainsi à l'accumulation générale des connaissances. Ce choix de la spécialisation sur le sans-abrisme s'explique ainsi par trois raisons principales.

Rendre possible la cumulativité à l'échelle d'un objet

Accumuler des savoirs est une action collective délicate. Entre le niveau des faits et celui du savoir sur l'homme, l'échelle de connaissances à laquelle on peut entrer dans une dynamique

1989

Création de la Fédération européenne des associations nationales travaillant avec les sans-abri (FEANTSA) financée par la Commission européenne.

de cumulativité est difficile à trouver. C'est là la première raison de nous focaliser sur le sans-abrisme : nous estimons que l'échelle de l'objet, sans être la seule pertinente, recèle bien des aspects pratiques pour organiser une dynamique cumulative. Il est possible d'organiser la cumulativité des travaux[5], en partant notamment des enjeux pratiques de toute recherche empirique. Tout chercheur, au début d'une enquête, se pose légitimement les questions suivantes : quelles sont les connaissances disponibles sur mon objet d'étude ? Quels sont les aspects les mieux connus, les plus délaissés ? Quels sont les paradigmes en présence et quels effets de connaissance produisent-ils sur cet objet ? Quels sont les concepts qui constituent le vocabulaire commun des spécialistes ? Quelles sont les lignes de controverse ? Des ouvrages de synthèses constituent alors des outils pour répondre à ce genre d'interrogations.

Se pose alors un premier problème : le niveau de l'objet n'est-il pas trop bas pour l'accumulation du savoir ? En particulier, comment accumuler des résultats s'inscrivant dans des paradigmes différents ? Aucune réponse exhaustive ne peut être fournie. Mais nous partons de la croyance selon laquelle la cumulativité entre paradigmes passe par leur confrontation qui, si elle nécessite sans conteste des controverses théoriques, ne peut se passer de l'épreuve de l'empirie. Non pas qu'il y aurait un paradigme plus vrai qu'un autre ; mais la focalisation sur un terrain maîtrisé éclaire particulièrement les effets d'intelligibilité que l'usage de tel ou tel paradigme engendre. Pour ne prendre qu'un seul exemple, il nous semble frappant de voir à quel point la lecture des travaux de Corinne Lanzarini[6] et de ceux de Pascale Pichon[7], très proches dans leur objet (les effets identitaires de la vie à la rue) mais très éloignés dans les paradigmes utilisés (normes et domination d'un côté, interactionnisme de l'autre), ouvre sur des façons très différentes de comprendre une même situation sociale. Une troisième interprétation possible est offerte par les enquêtes d'anthropologie réflexive de Claudia Girola[8]. D'aucuns y verront là la preuve d'une impossible cumulativité entre paradigmes. Nous y voyons, pour notre part, la source d'un accroissement d'intelligibilité *via* la comparaison des perspectives, effet amplifié quand les démarcations théoriques et les controverses (à distinguer de la polémique) sont explicitées. La cumulativité peut aussi se penser à partir de confrontations de paradigmes, et celles-ci, dans des sciences nécessairement empiriques comme les sciences sociales, ne peuvent que difficilement se faire sans référence à un objet précis et maîtrisé.

Survient alors une seconde interrogation : est-ce que le sans-abrisme constitue bien un objet ? En quoi est-il légitime de faire du sans-abrisme un objet à part entière, distinct de celui de la pauvreté ?

5 Pour un tour d'horizon épistémologique dans diverses sciences sociales, voir les écrits de Bernard Walliser.

6 Corinne Lanzarini, *Survivre dans le monde sous-prolétaire*, Paris, PUF, 2000.

7 Pascale Pichon, *Vivre dans la rue. Sociologie des sans domicile fixe*, Paris, Aux lieux d'être, 2007.

8 Claudia Girola, *De l'homme liminaire à la personne sociale. La lutte quotidienne des sans-abri*, thèse d'anthropologie, EHESS, Paris, 2007.

1990

Création du mouvement contestataire Droit au logement (DAL).

Dan Ferrand-Bechmann (s.d.), *Les Personnes aidées par les associations caritatives*, enquête statistique, ministère du Travail, de l'Emploi et de la Formation professionnelle.

Cette question est plus délicate, la définition d'un objet de spécialisation en sciences sociales étant elle-même difficile à établir et dépendante entre autres de facteurs proprement institutionnels. Le sans-abrisme est en tout état de cause un domaine empirique, sur lequel se sont accumulés de nombreux travaux depuis un quart de siècle, qui ont produit un certain nombre de résultats et de concepts originaux. C'est à ce titre que nous proposons de favoriser la cumulativité des connaissances. Ce retour sur travaux est d'autant plus nécessaire, que le sans-abrisme n'étant jamais vraiment défini comme un objet à part entière, les recherches à son sujet se multiplient sans toujours tenir compte des enquêtes déjà existantes.

Remédier à la dispersion des enquêtes scientifiques sur le sans-abrisme

C'est la deuxième raison qui conduit à la focalisation sur cet objet : l'éclatement des travaux qui y règne est particulièrement important. Cette dispersion, qui n'a pas toujours existé, est le fruit d'une histoire des relations entre chercheurs et pouvoirs publics. Le sans-abrisme, avant d'être un objet sociologique, a été un problème social pris en charge comme problème public[9]. Ce processus est visible dans plusieurs pays (France, Belgique, Québec). C'est au tournant des années 1970 et 1980 que ce problème social émerge. Au cours des années 1980, les institutions civiles (associations, milieux communautaires) et publiques (État, pouvoirs locaux et administrations) décident des premières mesures pour réguler le phénomène. Au début des années 1990, au moment où les recherches spécialisées sont en très faible nombre, la puissance publique, face à la persistance du problème, tente de mieux le connaître et le circonscrire en organisant et en finançant des programmes collectifs de recherche. Si ces initiatives ont pu offrir un cadre de coopération et de confrontation temporaires entre chercheurs, associations et agents des administrations, et donner une direction plus ou moins ferme aux diverses enquêtes conduites (espaces publics, politiques publiques, trajectoires sociales) dans les années 1990, force est de constater qu'au cours des années 2000, la commande publique s'est essoufflée, voire tarie, sans que la communauté des chercheurs devenus spécialistes de la question ne parvienne à s'organiser suffisamment pour créer des espaces d'échange, de coopération et de controverse scientifique. La plupart des travaux spécialisés parus depuis le début des années 2000 l'ont été dans des ouvrages collectifs généraux, portant sur l'exclusion, la précarité, les politiques sociales, le contrôle social,

9 Pascale Pichon (s.l.d.), *SDF, sans-abri, itinérant. Oser la comparaison*, *op. cit.*

1990

Bertrand Bergier,
Emmaüs: « les droits de succession », contribution à une systématisation de l'intentionnel et de l'inintentionnel à Emmaüs, thèse de sociologie, Université Paris 7, Paris.

l'urbanité, la relation d'aide. Autrement dit, les travaux qui ont pris pied sur les terrains du sans-abrisme ont alimenté une multitude de domaines des sciences sociales, sans pour autant se confronter les uns aux autres dans une double dynamique de combinaisons et de controverses.

Organiser la production scientifique pour faciliter son accès aux professionnels

La troisième raison a partie liée à la nature même de cet objet, problème social devenu problème public. Si un tel éclatement est toujours préjudiciable pour la vie d'un secteur scientifique, peut-être l'est-il plus encore pour ce type d'objet, dans la mesure où la dynamique de cumulativité scientifique ne peut que difficilement se tenir à l'écart des enjeux de l'action publique. Un sentiment mêlé de rigueur scientifique et de responsabilité politique et morale habite nombre des chercheurs travaillant sur la question. Si le rapport aux valeurs est toujours présent dans le choix qu'un chercheur effectue pour tel ou tel objet, mais doit ensuite s'arrêter là où commence l'enquête scientifique (ce qui définit la « neutralité axiologique » au sens de Max Weber), sans doute que l'implication, sinon l'engagement qui a initié l'enquête, finissent toujours par reparaître sur le devant de la scène, au moins en fin de parcours. Produire et accumuler un savoir sur ce qui est présenté de façon commune comme un problème social, pris en charge par les pouvoirs publics, doit, à un moment ou à un autre, participer à la réflexion collective sur les façons de comprendre, décrire, expliquer, voire résoudre le problème ou en critiquer les solutions mises en œuvre. L'expérience des chercheurs montre d'ailleurs que la demande des intervenants sociaux pour leurs travaux est particulièrement vive.

Or, les sciences sociales, depuis vingt ans maintenant, ont produit de nombreuses connaissances sur ce problème social. Mais cette quantité semble à bien des égards sans impact sur la sphère de l'action publique : associations, administrations, politiques n'en prennent pas, ou peu, connaissance, préférant commander de nouvelles expertises. Cette recension bibliographique s'appuie alors sur une hypothèse, tout autant candide que persistante : l'impact des enquêtes académiques dans la sphère publique dépend, pour partie, de la force avec laquelle est clarifié un champ de recherche spécialisé. Les acteurs engagés dans la régulation et la résolution d'un problème public auront d'autant plus de chances d'accéder aux productions scientifiques, que celles-ci seront clairement exposées et organisées, et que les concepts et les notions seront expliqués et explicités.

Lancement du premier programme de recherche du Plan urbain, *Les Sans Domicile fixe dans l'espace public*, piloté par Jeanne Levasseur et Isaac Joseph.

1991

Mais cette organisation des connaissances et cette clarification des concepts dépendent elles-mêmes des dynamiques de controverses traversant un champ scientifique : c'est par la confrontation compréhensive et la discussion critique que les résultats s'affinent, que les concepts se renforcent, que les théories émergent.

Il ne faut cependant pas se méprendre sur le sens de cette bibliographie spécialisée. Il ne s'agit pas de poser les premiers jalons d'une sociologie du sans-abrisme qui serait coupée des autres domaines de spécialisation, ou de fonder des *homelessness studies* où se joindraient aux *socials scientist*, les architectes, les urbanistes, les designers, les psychologues cliniciens et tous les autres professionnels qui cherchent à penser réflexivement les divers aspects du phénomène. Notre travail se veut plutôt un moment de clarification de certains enjeux, pris dans une dialectique entre spécialisation et généralisation. La littérature sur le sans-abrisme s'est constamment inscrite dans les divers paradigmes de la sociologie générale (domination, interactionnisme, individualisme méthodologique), et a conséquemment emprunté aux multiples domaines de sociologies spécialisées (sociologie urbaine, sociologie de la déviance et du contrôle social, sociologie de l'action publique, sociologie du travail social, sociologie de la mobilité sociale). Mais, confrontée à des situations singulières, elle a dû construire des méthodes et des problématiques spécifiques, et définir de nouveaux concepts. Étant relativement invisibles au sein des ouvrages collectifs ou éparpillées dans des articles de revues, ces innovations réunies, seront à disposition des spécialistes et des non-spécialistes. Ramasser ces connaissances en un ouvrage favorisera, nous l'espérons du moins, la circulation de ce savoir.

Katia Choppin, sociologue, doctorante, CLERSE, Université Lille 1.
Édouard Gardella, sociologue, doctorant, ISP, ENS Cachan.

Note : extraits tirés de l'introduction de l'ouvrage co-dirigé par Katia Choppin et Édouard Gardella, *Les Sciences sociales et le Sans-abrisme, recension bibliographique de langue française, 1987-2012*, Saint-Étienne, PUSE, à paraître (2012).

1991

Commission nationale d'évaluation du RMI, *Connaissance des publics exclus du RMI*, synthèse du groupe de travail, GREFOSS.

Pascale Lefeuvre-Naz, *Grande Pauvreté et Droit : l'exemple du domicile*, thèse de droit, Université Lyon 3, Lyon.

Entretiens avec les responsables des programmes de recherche au Plan urbain devenu PUCA[1] (Plan, urbanisme, construction, architecture)

1 Le Plan urbain deviendra en 1998 le PUCA. Celui-ci développe des programmes de recherche, des expérimentations et soutient la valorisation et l'innovation scientifique dans les domaines de l'aménagement des territoires, de l'habitat, de la construction et de la conception architecturale et urbaine, sous l'égide du ministère de l'Écologie, du Développement durable, des Transports et du Logement.

Les trois principales protagonistes de la programmation de recherche sur la question SDF en France, des années 1990 à 2005 ont accepté de revisiter leurs souvenirs lors d'entretiens filmés conduits par Pascale Pichon, accompagnée d'Élodie Jouve pour le second entretien. Un premier entretien a été réalisé avec Claire Gillio et Danielle Ballet le jeudi 1er décembre 2011, à Paris dans les locaux de la Fondation Charles Léopold Mayer dont Claire Gillio est membre. Le deuxième entretien avec Jeanne Levasseur s'est déroulé dans le même lieu, le lundi 16 janvier 2012. Les entretiens, de deux heures environ, ont été enregistrés et filmés par Léonardo Antoniadis.

Claire Gillio, responsable au Plan urbain puis au PUCA du pôle Sociétés urbaines, habitat et territoires de 1984 à 2008

« C'est à la jonction de deux programmes (*Services urbains* et *Gestion locale et espaces publics*) que les premières réflexions sur la question SDF ont été lancées. Les gens qui circulent dans l'espace public ont aussi des compétences. Ce ne sont pas uniquement des usagers. Ce ne sont pas des objets. Ce sont des sujets qui ont leur propre point de vue sur leur utilisation de l'espace public, position qui a amené une perspective de recherche sur la question SDF. [...]

Il y a eu l'affirmation d'un intérêt sur cette question et du rôle de l'État de lancer des travaux de recherche, ce qui a permis un financement national de la recherche. Les réflexions sur la ville et sur l'urbain mais aussi les prises en compte des questions des collectivités territoriales avaient amorcé cet intérêt. [...] Mais à l'époque, l'État avait envisagé le phénomène SDF comme quelque chose de provisoire et donc on pensait s'en occuper provisoirement. Maintenant, on réalise peut-être que c'est quelque chose de tellement massif qu'il faut peut-être continuer à s'en préoccuper. [...] La durée moyenne

Création du Haut comité pour le logement des personnes défavorisées (HCPLD).

Création du Conseil national des politiques de lutte contre la pauvreté et l'exclusion sociale (CNLE).

1992

d'un programme de recherche est de cinq ans entre le moment où on commence à réunir les troupes et le moment où on fait le colloque de clôture. Entre-temps, il y a les travaux des équipes que l'on suit, il y a des séminaires thématiques, de suivis. [...] Dans la culture Plan urbain, quand on lance aussi bien un programme qu'un appel d'offres, il y a forcément un chercheur qui est là comme conseiller scientifique. [...] [Ça m'a plu de faire cela.] Dans ma formation, j'ai toujours eu un intérêt pour la chose publique. [...] J'ai commencé par travailler sur les équipements collectifs et je n'ai jamais lâché ce fil. Équipement, services collectifs, services urbains, services publics : c'est aussi un fil de mon activité professionnelle constante au ministère de l'Équipement. [...] Comment transforme-t-on les questions des acteurs en programme de recherche ? [Acteurs et chercheurs] ont des temporalités différentes : les chercheurs investissent à long terme ; les acteurs, il leur faut tout de suite des réponses. Comment tenir compte de tous ces impératifs à la fois ? On peut aller assez rapidement en disant que ces services, comme le Plan urbain, peuvent assurer cette interface, justement parce qu'il y a des gens qui sont motivés, à l'intérieur de ces services, comme nous l'étions, tous. Il y avait une implication très forte, qui est indispensable. »

Jeanne Levasseur, responsable au Plan urbain puis au PUCA, des programmes de recherche SDF de 1990 à 1999

« Compte tenu du parcours que j'ai eu avant, en tant qu'architecte-salariée, j'ai choisi d'aller dans la direction des espaces publics. [...] À partir de 1981, avec l'élection de Mitterrand, il y aura un chambardement des politiques sur le plan du logement, des espaces publics, des politiques publiques, de la décentralisation, de l'implication des élus dans la gestion de leur territoire. Alors qu'avant, ils pouvaient s'abriter derrière l'État. [...]

Notre programme sur les espaces publics *Construction sociale de l'urbanité. Gestion des espaces publics* a fait remonter un certain nombre de projets, dont certains avaient comme espaces d'investigation le métro, les gares, des cafés, des espaces un peu en déshérence. L'accent était mis sur « comment vivent les espaces et l'interaction entre les différents publics dans ces espaces et selon quelles règles de co-présence ? » [...] On a dénombré les espaces publics, on a vu leurs diversités, etc. ; [on s'est dit] maintenant c'est autre chose qu'il s'agit de faire. [...]

1992

Création de la Mission régionale d'information sur l'exclusion (MRIE), Rhône-Alpes.

Programme européen portant sur la santé mentale des personnes sans abri piloté par Luigi Léonori en lien avec le Plan urbain.

Espace public

Notion qui s'entend comme un espace d'accessibilité au politique[1]. Cet espace public politique est un espace sensible d'apparition des individus mettant en scène la pluralité des mondes des conventions et des appartenances. Notons que le travail statistique participe de cette apparition. De cet espace sensible surgissent des conflits d'usages qui peuvent parfois atteindre, par un travail de traduction juridique par exemple, la sphère publique de communication, telle que l'a définie Jürgen Habermas[2]. Les arrêtés dits « anti-mendicité », discutés en France dans les années 1995, en sont un exemple ; les réglementations des espaces publics à Montréal en sont un autre[3]. Dans les travaux portant sur les modes de survie dans la ville, la notion d' « espace public » s'entend également dans sa matérialité physique, comme un espace de pratiques, d'usages, instaurant des formes de co-présence et d' « inattention civile » depuis l'expérience du citadin de la « grande ville » explorée par Georg Simmel[4] et par la sociologie interactionniste et pragmatique poursuivie à la fin des années 1980 et le début des années 1990[5]. C'est ainsi que ces formes de co-présence impliquent des ajustements multiples, des rapports discrets ou plus ostentatoires à l'altérité, par exemple dans la pratique de la manche. Cette matérialité physique n'est pas étrangère aux dimensions symbolique et imaginaire de la vie collective et engage tout un chacun dans une expérience sensorielle. Dans la tradition plus ethnographique, l'analyse des relations en public construit une culture de la place publique[6]. Conflits d'usages et d'occupations, visibilité et invisibilité introduisent enfin la question même de l'habiter[7].

1 Jacques Rancière, *Aux bords du politique*, Paris, La Fabrique, 1998.

2 Jürgen Habermas, *Théorie de l'agir communicationnel*, Paris, Fayard, 1987.

3 Ghyslaine Thomas, « Vie itinérante et réglementation des espaces publics », Danielle Laberge (s.l.d.), *L'Errance urbaine*, Sainte-Foy, Multimondes, 2000, pp. 291-312.

4 Georg Simmel, *Les Grandes Villes et la Vie de l'esprit*, Paris, L'Herne, Paris, 2007.

5 Isaac Joseph, « Présentation », *Sans domicile fixe dans l'espace public. Contexte et catégories de l'expérience*, Actes du séminaire Accessibilité et situations d'urgence, Plan urbain, DRAST-RATP, 1993, pp. 5-10.

6 Patrick Gaboriau, *Clochard : l'univers d'un groupe de sans-abri parisiens*, Paris, Julliard, 1993.

7 Joan Stavo-Debauge, « L'indifférence du passant qui se meut. Les ancrages du résident qui s'émeut », Daniel Cefaï et Dominique Pasquier (s.l.d.), *Les Sens du public, publics politiques, publics médiatiques*, Paris, PUF, 2003, pp. 347-371. Marc Hatzfeld, « Habitat des SDF et hospitalité urbaine », Danielle Ballet (s.l.d.), *Les SDF : représentations, trajectoires et politiques publiques*, Paris, PUCA, 2003, pp. 75-88.

Il y avait deux recherches sur ce programme général : Samuel Bordreuil, qui parlait vraiment des sans-abri aux États-Unis, des *homeless* et Pascale Pichon sur la carrière des sans-abri en France. Et cela nous a beaucoup intéressées. Je pense qu'Isaac Joseph a voulu s'appuyer sur le premier travail de recherche de Pascale Pichon : c'était l'occasion de lancer en France un programme qui rattrape le manque de connaissances [par rapport aux États-Unis] ; c'était un moment crucial où on commençait malheureusement à voir énormément de sans domicile fixe dans les villes. On s'est dit, on veut en savoir plus sur la question des gens à la rue. [...]

Mon apport dans le programme *Espace public* et qui s'est manifesté plus encore dans le programme sur la recherche sur les sans domicile fixe, c'est cette idée de vouloir suivre d'une façon vivante et sociable, de faire du lien, créer des liens, créer à chaque fois une rencontre avec les chercheurs avec un terrain, un milieu. Donc au Plan urbain, on bénéficiait de deux manières de travailler. Il y avait d'une part la recherche pure et dure, c'est-à-dire l'appel d'offres de recherche, on travaillait avec des chercheurs qui répondaient à l'appel d'offres et on allait suivre ensuite les travaux en développant les contacts, en les faisant se rencontrer, etc. ; et d'autre part, on bénéficiait à l'époque de crédits qui ont disparu ensuite, qui ont fondu comme peau de chagrin, mais qui étaient très importants au départ. C'était des petites enveloppes d'argent qui permettaient de soutenir des actions et des projets innovants sur les espaces publics auprès d'associations. Mais en contrepartie, pour eux, et ça grinçait parfois des dents, on leur adjoignait un chercheur qui accompagnait le travail, qui suivait, qui s'immergeait sur le terrain avec eux. Ça permettait que l'action aidée soit ensuite racontée, analysée, prise en compte, avec un rapport de recherche. »

Danielle Ballet, responsable au PUCA d'un programme de recherche SDF, de 1999 à 2005.

« J'ai eu l'opportunité d'aller à la direction des Affaires sociales, au ministère. Il y avait une dynamique autour de la politique de la ville déjà, qui me paraissait aller dans le sens de cette réflexion sur des outils nouveaux pour faire quelque chose de transversal, de pluridisciplinaire. Quand on m'a proposé ensuite de travailler sur le logement et les questions relatives au logement, j'ai été évidemment tout à fait partante. [...] J'arrive alors avec une équipe qui a déjà participé, contribué au premier programme de recherche.

C'était vraiment intéressant parce que le ministère de l'Équipement semblait se préoccuper davantage du lien entre l'hébergement et le logement que le ministère des Affaires sociales. [...] Je rencontre

1992

Séminaire de recherche au Plan urbain, rencontres entre chercheurs français et chercheurs américains.

évidemment Jeanne Levasseur avant son départ. Les questions qui restaient en suspend sont déjà énoncées d'une certaine façon: la question des représentations: quel vocabulaire utilise-t-on? Comment est-il utilisé par les gens en difficulté? Est-ce que ça donne quelque chose de plutôt stigmatisant ou bien de promotionnel? La question des représentations était centrale je pense et elle constituait un souci pour les chercheurs des précédents programmes.

Il y avait l'histoire des trajectoires vue sous l'angle de réussir à ne plus être dans une situation de malaise ou de tragédie. Ce que l'on appelle "s'en sortir".

Le troisième champ, ce sont les politiques publiques. Les questions posées étaient les suivantes: comment considère-t-on ces gens comme des citoyens? Quels moyens met-on en œuvre en vue d'une reconnaissance de ce statut de citoyen. Je pense à ce qu'a souligné Isaac Joseph sur l'intérêt de l'action menée à Bologne: les collectivités locales qui ont embrayé sur Piazza Grande qui est à la fois un journal et une association dans une dynamique étonnante qui repositionne les gens comme des citoyens. »

Ci-contre:
Entretien avec Danielle Ballet et Claire Gillio.
De gauche à droite, Danielle Ballet, Claire Gillio, Pascale Pichon et Léonardo Antoniadis
© Léonardo Antoniadis.

Les Sans-logis, rapport au Comité directeur sur la politique sociale du Conseil de l'Europe

Christian Chassériaux
La Grande Exclusion sociale, questions liées à l'insertion et au devenir de publics en grande difficulté sociale, rapport, ministère des Affaires sociales, de la Santé et de la Ville.

1993

Les postures du créateur face aux situations de survie. Une lecture de l'état de l'art *Création et Sans domicile fixe*

Élodie Jouve et Claire Lemarchand

Si les disciplines des sciences sociales ont produit une richesse de connaissances sur la thématique des personnes sans abri – ce que donne précisément à voir l'exposition –, qu'en est-il de l'art, du design ou encore de l'architecture sur ce même champ de recherche ?

En miroir de la recension bibliographique, l'état de l'art *Création et Sans domicile fixe* – dont une synthèse est exposée ici – recense, décrit puis classe des projets de designers, d'architectes, d'artistes afin de saisir les questionnements qui traversent la création lorsqu'elle appréhende la condition des personnes à la rue. Les créateurs se sont penchés massivement sur cette question à partir de la fin des années quatre-vingt avec des intentions, des discours hétérogènes. Le travail de classement des projets a permis de mettre en évidence deux postures. La première, investie essentiellement par les artistes, est celle du manifeste – dans les deux sens du terme. Elle vise à interpeller le citoyen et le politique sur le caractère inacceptable de la vie à la rue. La seconde, la voie fonctionnaliste, est largement plébiscitée par les designers qui conçoivent des solutions concrètes afin d'améliorer temporairement les conditions de vie des personnes sans abri. Jamais ces propositions ne sont présentées comme satisfaisantes en soi, elles relèvent d'un pis-aller auquel on ne peut se résoudre sans difficulté. Parfois ces deux postures – politique et fonctionnaliste – se croisent au sein d'une seule et même proposition brouillant alors la posture du créateur et la destination de la production.

Le créateur à l'épreuve du politique

Chez les créateurs, la posture manifeste se décompose en deux volontés. Celle, d'une part, de témoigner de l'expérience quotidienne de la vie à la rue et celle, d'autre part de dénoncer la situation inacceptable des personnes sans abri. La forme du témoignage naît d'un travail de proximité, voire d'immersion dans le quotidien des personnes à la rue. Elle implique pour le créateur d'instaurer

1993

Création des journaux de rue, *Macadam Journal*, *Le Réverbère*, *La Rue*.

une relation de confiance avec elles, de se faire oublier pour se faire accepter. Ce travail prend corps par le biais de différents médiums parfois entremêlés. En 1995, le photographe Jim Goldberg croise des formats (la photo, la vidéo, le dessin, le texte) et des témoignages (des jeunes principalement, mais aussi quelques travailleurs sociaux et policiers) pour élaborer l'ouvrage[1] et l'exposition itinérante *Raised by wolves*. Le fil conducteur de ce travail est Tweaky Dave, un jeune fugueur dont le lecteur et le visiteur suivent les pas, de la rue à la mort. Au même moment, en France, dans le cadre d'une commande collective du Centre national de la photographie et de l'association Les Petits Frères des Pauvres, le photographe Jean-Louis Courtinat réalise un reportage photographique sur le Centre d'hébergement des personnes sans abri de Nanterre (le CHAPSA). Il s'y rend d'abord tous les jours pendant deux mois, son appareil autour du cou sans l'utiliser pour se faire accepter des personnes et tenir à l'écart tout soupçon de voyeurisme. Il réalisera par la suite une série de photos intitulée *Les Damnés de Nanterre*[2]. Plus récemment, la bande dessinée *Hosni*[3] est née de la rencontre de son auteur Maximilien Le Roy avec Hosni, SDF à Lyon. Elle raconte et illustre le parcours d'Hosni avant et pendant la rue.

Autre volonté, dénoncer la situation de vie, de survie plutôt, des personnes sans domicile avec des projets qui font acte de résistance. Avec l'installation *Paris, a place to stay* (2010), le collectif d'artistes The Wa pointent les dispositifs anti-SDF qui visent à empêcher les personnes sans abri de s'asseoir ou de s'allonger dans l'espace public. En signe de contestation, il détourne l'un de ses dispositifs en fauteuil-méridienne. Autre projet, *Refuge Wear* est sans doute l'un des travaux les plus connus de Lucy Orta qui, dès le début des années quatre-vingt-dix, pour dénoncer la situation de désintégration sociale dont sont victimes les personnes sans domicile, dessine puis confectionne des prototypes de vêtements-refuges. L'artiste entend interpeller le public en mettant en scène ses créations dans des performances qui prennent la rue comme podium. Le collectif américain Electroland adopte une posture similaire lorsqu'il imagine, quelques années plus tard, *Urban Nomad Shelter*, un abri gonflable qui serait distribué dans la ville de Los Angeles. Cet objet dessiné comme un signe dans l'espace public, est un acte politique censé engager un dialogue avec les pouvoirs publics. Cette parole est doublée d'une visée fonctionnaliste : l'artefact serait confortable, léger, facilement transportable, peu cher à produire, etc., toutes les qualités d'un abri d'urgence selon ses créateurs. Double visée également revendiquée par l'artiste Michaël Rakovitz qui a conçu quelques années auparavant (1998) un dispositif d'abri gonflable, *para-SITE* dont le simple nom est évocateur. Il a conçu cet objet pour et avec des personnes à la rue.

1 Jim Goldberg, *Raised by wolves*, Zurich, Scalo Publishers, 1995.

2 Jean-Louis Courtinat, *Les Damnés de Nanterre*, Paris, Centre national de la photographie, 1995

3 Maximilien Le Roy, *Hosni*, Paris, La Boîte à Bulles, 2009.

Création du mouvement contestataire : le Comité des sans-logis (CDSL).

Création d'un groupe temporaire au sein de l'Institut national d'études démographiques (INED), le Centre national d'information statistique (CNIS). *Investigation statistique des personnes sans domicile, résolution des problèmes méthodologiques pour une meilleure connaissance des populations concernées.*

Ci-dessus :
Refuge Wear, Lucy Orta, 1992,
© Lucy + Jorge Orta.

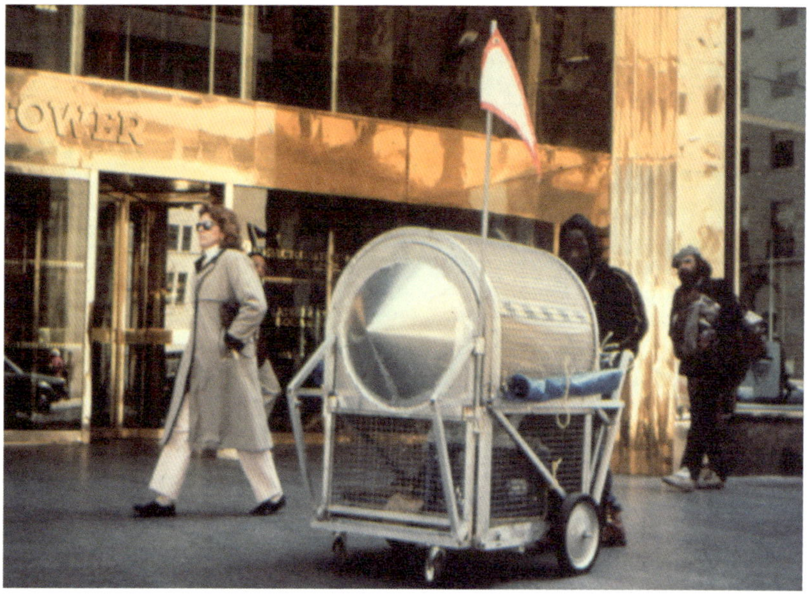

Ci-contre :
Homeless Vehicle Project, Krzysztof Wodiczko, 1988. © Droits réservés, collection du musée d'Art contemporain de Lyon.

Le dispositif est pensé pour être greffé sur les bouches d'aération des immeubles. L'air évacué et récupéré permet tout à la fois de gonfler et de chauffer la structure. Michaël Rakowitz avait d'abord imaginé un abri blanc opaque pour garantir l'intimité de ses occupants. Après plusieurs échanges avec des *homeless* de Boston, il s'est avéré que l'intimité était moins leur préoccupation première que la sécurité et qu'un abri translucide leur permettrait de surveiller l'environnement et de prévenir d'éventuels vols ou agressions. Cette proposition n'est pas sans rappeler *The Homeless Vehicle Project* de l'artiste Krzysztof Wodiczko qui, pour alerter les pouvoirs publics, avait dessiné, en 1988, un véhicule à la fois manifeste et fonctionnel. Le cahier des charges avait été co-élaboré avec des personnes sans abri de New York afin de leur permettre de dormir, de se reposer, de se laver, de collecter divers matériaux, etc. Le dialogue avec les politiques locaux s'est révélé infructueux, les véhicules ont été confisqués par les autorités peu de temps après avoir été distribués.

Ces différentes démarches ont vocation à provoquer le débat, à poser des questions sur la place des SDF dans l'espace urbain contemporain. Elles entendent participer d'une prise de conscience collective dont il est cependant difficile de mesurer les effets. La seconde voie qualifiée de « fonctionnaliste » et qui se présente bien souvent comme une réponse temporaire à une crise sociale est sans doute plus risquée. Risquée car elle expose inévitablement les créateurs à la critique : créateur sans responsabilité, designers inconséquents pérennisant une situation inacceptable pour soulager leur conscience, concepteurs collant un pansement sur la misère.

Le fonctionnalisme à l'épreuve de la survie

Ici encore, deux séquences ont émergé du classement de la multiplicité des projets dits « fonctionnels ». La première, l'objet-abri, en appelle à la gestion de l'urgence dans l'espace public pour pallier les exigences et contraintes de la vie dans la rue. La seconde, oscillant entre urgence et logement institutionnel, cherche à penser autrement l'hébergement des personnes à la rue.

Les objets-abris se plient aux impératifs de survie et de mobilité de la vie à la rue : protection, légèreté, commodité, compacité. À leur destination première, celle de dormir ou de se reposer, se greffent souvent d'autres possibilités : se restaurer, se laver, stocker des objets ou encore pratiquer la vente ambulante. Trois catégories d'objet-abri se distinguent. La première catégorie, le vêtement est envisagée comme la première couche de protection – au plus près du corps – par la designer Véronika Scott qui a imaginé un manteau-sac de couchage afin de protéger les personnes à la rue des intempéries

1994

Création du Réseau alerte regroupant une trentaine d'associations appartenant à l'Union nationale interfédérale des œuvres et organismes privés sanitaires et sociaux (UNIOPSS), label Grande cause nationale déclaré par le Premier ministre, Édouard Balladur et des agressions. En échange d'un lieu où dormir, de nourriture et d'un petit salaire, ce sont les personnes elles-mêmes qui confectionnent ces vestes en vue de ce qui est envisagé par la créatrice comme leur réinsertion sociale. La deuxième catégorie d'objet-abri se structure autour d'un objet symbolique, la tente, depuis la mobilisation de l'association Médecins du Monde puis du mouvement des Enfants de Don Quichotte. Sans prétendre envisager la tente et ses ersatz comme des médiums de revendication, pour les concepteurs de *Wheely* – abri mobile composé de deux toiles de tente qui se déploient de part et d'autre d'une roue métallique – c'est la survie qui prime. La troisième catégorie, le véhicule, fait écho à la proposition de l'artiste Krzysztof Wodiczko. En se basant sur l'observation des pratiques, les créateurs (designers ou architectes) perfectionnent les capacités du Caddy de supermarché souvent détourné par les personnes à la rue.

L'état de l'art révèle ici un paradoxe. Malgré la diversité des origines géographiques des projets de véhicules recensés – France, Allemagne, Roumanie, Chine, Japon, États-Unis –, on constate une homogénéité des propositions formelles. Cette homogénéité est renforcée par des effets de retournement. Les projets qui se présentent comme une solution pour les sans-abri peuvent aussi selon les concepteurs, être une réponse aux situations d'urgence et *vice versa*. Certains d'entre eux établissent clairement ce lien, comme le véhicule *Room-Room* créé par l'agence d'architectes Encore Heureux pour répondre aux besoins des populations sinistrées à la suite du tremblement de terre au Shishuan, et dont les créateurs perçoivent tout autant l'utilité pour les personnes à la rue. On constate le même aller-retour entre nomadisme urbain et situations de vie à la rue.

La seconde séquence de réponse fonctionnelle, l'hébergement, se décline en deux typologies : les solutions modulaires, d'une part et la rénovation, voire la création d'hébergements collectifs, d'autre part. Les solutions modulaires – dont *La Maison des jours meilleurs* conçue par le designer et architecte Jean Prouvé en 1956 en collaboration avec la Fondation Abbé Pierre, serait précurseur –, reprennent des principes similaires (qui peuvent être croisés avec ceux des objets-abris) : praticité et fonctionnalité auxquels s'adjoignent facilité de transport et d'implantation dans des sites inhospitaliers, rapidité de montage et de démontage, recherche d'autonomie énergétique et de valorisation écologique. Les solutions modulaires peuvent largement recouper les rénovations ou créations d'hébergements collectifs lorsqu'elles visent, justement, la mise en place de structures collectives résultant de la juxtaposition de plusieurs modules. Les hébergements (modulaires ou non) sont pensés pour répondre à deux nécessités : préserver l'intimité des personnes tout en assurant la vie collective. En cela, ils se

1994

Lancement du projet *Human Dignity and Social Exclusion* (HDSE), Conseil de l'Europe.

Maryse Bresson, *La Construction de l'identité sociale des sans domicile fixe dans la France contemporaine*, thèse de sociologie, Université Paris 10, Paris.

Résistance

Notion utilisée par différents chercheurs décrivant la vie quotidienne et le rapport à l'assistance des personnes à la rue. Elle recouvre deux formes de résistances dans des univers différents. La première rend compte des résistances des personnes SDF face à l'assistance ou au monde la rue. Dans ce cadre, les chercheurs mettent en évidence les débrouilles, les tactiques, les stratégies, les ruses, voir les modes d'adaptation mis en œuvre par les personnes SDF afin d'améliorer la survie au quotidien. La seconde rassemble les études qui portent sur les mobilisations collectives des SDF. Pour la dernière mobilisation en date, on peut citer le mouvement des Enfants de Don Quichotte[1]. Pour la plupart, les chercheurs s'intéressent à la place des personnes SDF dans ces mobilisations (ou mouvements) et quelques uns livrent des monographies. À ce titre, on peut citer quelques petites coordinations de SDF pour défendre un squat à Bordeaux[2], pour s'élever contre un arrêté anti-mendicité ou encore pour s'opposer au fonctionnement des centres d'hébergement[3].

1 Katia Choppin, *S'engager pour un mouvement ou participer à la vie communautaire : l'action des Enfants de Don Quichotte à travers le cas lillois*, master 2 de sociologie, Université Lille 1, 2007.

2 Muriel Villeneuve, « Heurs et malheurs d'une mobilisation inattendue : le mouvement des squatters de Bordeaux », *Revue française des affaires sociales*, vol. 2, n° 2, *Sans-logis et squatters : auto-organisation et mobilisation collective* », 2002, pp. 25-44.

3 David Grand, *Étude d'un dispositif d'entraide : le cas de l'association Main dans la Main*, mémoire de DEA de socio-anthropologie, Université Lyon 2, Lyon, 2004.

moulent sur les pratiques en cours dans les modes d'hébergement des personnes à la rue qui tendent de plus en plus à individualiser certains espaces par respect pour la personne hébergée et cherchent conjointement à faire participer celle-ci à des activités au sein de la structure. Ces projets qui répondent le plus souvent à une commande institutionnelle ou à un partenariat, voire à un engagement profond auprès d'une association, laisseraient supposer qu'ils sont fortement contraints par un cahier des charges. Mais, et c'est ici que s'incarne la porosité des frontières entre le politique et le fonctionnalisme, ces projets peuvent faire essaimer des idées qui, à la manière d'un manifeste implicite, bouleversent et renouvellent les modes d'accueil des publics. Ainsi, *La Maison de Rodolphe* qui pense l'accueil des familles, souvent problématique, ou, dans un tout autre registre mais posant autant de difficultés aux pouvoirs publics, l'hébergement des personnes avec animaux. Ou encore les rénovations opérées par l'artiste Miriam Kilali – *Reichtum 1* à Moscou et *Reichtum 2* à Berlin – qui font du luxe (plus que du fonctionnel et de l'hygiénisme) la clef de l'hébergement collectif. Ces projets deviennent postures impulsant de micro-révolutions dans la manière d'envisager les personnes à la rue.

Lors des présentations publiques de cet état de l'art, ce sont invariablement les projets à visée fonctionnaliste qui ont suscité le plus de réactions. Ils posent ou imposent, la question du faire, de l'agir. On heurte un point de tension entre le statut politique de la création et le fonctionnalisme des artefacts pensés pour alléger les conditions de survie des personnes à la rue. À l'image de la tectonique des plaques, l'état de l'art *Création et Sans domicile fixe* révèle un lieu où les enjeux s'affrontent et ne se dissolvent pas. Il pose la question de l'engagement du créateur, des postures qu'il adopte face à des situations intolérables, les dénonçant ou cherchant à en atténuer la violence ; des postures qui s'entrelacent et demeurent versatiles dans leur réception par le public. Cette tension ne se résout pas en considérant que le classement entre projets manifestes et projets fonctionnalistes scinderait le débat jusqu'à le clore, qu'il y a des bons et des mauvais projets, des justes, ceux qui dénoncent, et des infâmes, ceux qui font. Ce classement (et sans doute n'importe quel classement) demeure insatisfaisant, si ce n'est pour faire part de cet écart, nécessaire, omniprésent, entre intentions non forcément clarifiées ni énoncées avec force, et perception du projet, qui induit le trouble, questionne, se brise contre les limites que s'imposent les disciplines et les libertés que prennent (ou non) les créateurs.

Élodie Jouve, ethnologue, chercheure associée, Centre Max Weber (UMR 5283), Université de Lyon / Université Saint-Étienne.
Claire Lemarchand, designer, chargée de recherche, Cité du design.

1995

Maryse Marpsat, Jean-Marie Firdion,
Proposition pour un système statistique sur les sans-abri et les personnes exclues du logement, enquête statistique, rapport d'étape, Institut national d'études démographiques (INED).

Ci-dessus :
La Maison de Rodolphe, Patriarche & Co, 2010 © Patriarche & Co.

Ci-contre :
WheeLY, Zo Loft, 2005 © Zo Loft.

Double page suivante :
La Maison des jours meilleurs, Jean Prouvé et Fondation Abbé Pierre, 1956 © Bibliothèque Kandinsky du Centre Pompidou.

LA RECHERCHE S'EXPOSE

1. LE TERRAIN DE RECHERCHE

Pour conduire leurs enquêtes ethnographiques, les chercheurs vont sur le terrain : un quartier, des gares, le réseau du métro, les services d'aide et de secours de jour ou de nuit. Ils deviennent familiers des personnes à la rue et suivent leur parcours de vie et de survie durant des mois, parfois des années.

Parcours de survie dans la ville

Pascale Pichon

Les enquêtes ethnographiques et sociologiques réalisées par les chercheurs en sciences sociales depuis ces deux dernières décennies proposent une compréhension des parcours de survie des personnes sans domicile[1]. Elles sont également source de réflexion sur notre urbanité contemporaine et sur notre conception de l'hospitalité urbaine en nous invitant à poser quelques questions cruciales et paradoxales qui ne trouvent pas de réponses univoques : en quoi l'espace urbain, que nous partageons en tant que membres d'une même société, est-il espace de ressources et de rencontres mais également espace délétère, provoquant les formes les plus visibles de la déréliction et de l'abandon de soi ? Comment la ville offret-elle l'hospitalité et génère-t-elle de l'exclusion sociale ? Comment les matérialités mêmes des espaces publics, leurs aménagements et leur design, peuvent-ils proposer tout à la fois des protections et de la sûreté comme de l'inconfort et de l'insécurité, jusqu'à devenir des instruments d'expulsion ?

En considérant le rapport des femmes et des hommes isolés à leur environnement de survie, tout à la fois spatial, temporel et humain, je voudrais examiner les cadres d'expérience qui instituent les parcours de survie et qui résultent de trois plans d'analyse distincts – structurel, institutionnel et interactionnel. Après avoir insisté sur l'expérience-limite de la survie, au sens d'une expérience totale qui remet en cause la confiance que l'on a dans le monde commun et, au sens d'une heuristique anthropologique, j'aborderai successivement quatre dimensions critiques des parcours de survie. La première dimension dévoilera une géographie de la survie à l'échelle urbaine des démarches entreprises par les personnes sans domicile. La seconde dessinera un système d'habitat précaire dans lequel l'individu se sent pris comme dans un piège. La troisième livrera une anthropologie des expédients qui marque la résistance aux prises en charge institutionnelles. Enfin, la dernière dimension attestera que l'expérience biographique individuelle ne peut être soustraite, sans risque démocratique, à notre espace-temps historique commun. Depuis l'expérience-limite du SDF jusqu'à l'expérience commune de la ville en partage, je voudrais ainsi poser des repères pour penser notre fragile urbanité.

1 Cet article se réfère à l'ouvrage écrit à plusieurs mains et dirigé par Katia Choppin et Édouard Gardella, *Les Sciences sociales et le sans-abrisme. Recension bibliographique de langue française, 1987-2012*, Saint-Étienne, PUSE, à paraître (2012).

Page précédente :
Détail du panneau de l'exposition *Les trajectoires sociales* © Sonia Barcet.

1995

François Lagandre,
Les Phénomènes d'errance chez les jeunes de 21 à 25 ans, observations et propositions, rapport, ministère des Affaires sociales de la Santé et de la Ville.

Bernard Kouchner,
101 propositions concernant l'amélioration de la vie quotidienne des sans domicile fixe, rapport, ministère des Affaires sociales de la Santé et de la Ville.

Une expérience-limite

C'est par la notion de « survie » que les chercheurs pointent la dimension extrême, moralement insoutenable, des situations néanmoins ordinaires dans lesquelles se trouvent engagées involontairement les personnes à la rue[2]. Extrême, au regard de plusieurs dimensions vitales. En premier lieu, le dénuement économique absolu conduit chacun à s'adapter à des conditions de vie inscrites dans une quotidienneté de l'urgence et du présent immédiat. À cette temporalité du coup par coup et au jour le jour, que l'on croyait appartenir au temps d'avant les protections sociales, vient s'ajouter l'ébranlement des fondements de l'habiter humain lorsque les propriétés du chez soi n'existent que de façon partielle et dispersée, nécessitant de bricoler des espaces de réserve d'intimité ou de *privacy* jusque dans les espaces publics urbains. Ce cumul épuise les ressources psychiques individuelles surtout lorsque l'environnement humain provoque à son tour des sentiments d'insécurité, de rejet, de mépris et d'abandon social. L'ensemble du tableau montre combien les choix de l'action humaine en sont réduits. Ce n'est pas la capacité individuelle des personnes qui doit être mise en cause ici mais les carences de l'environnement sociétal qui grèvent la liberté de choisir d'autres orientations de vie. Au regard des multiples contraintes et obstacles rencontrés quotidiennement, il est difficile de se maintenir dignement face à autrui. Sur ce point, les jugements de réussite ou d'échec que les personnes en situation de survie prononcent doivent être rapportés aux adaptations qu'elles ont dues et sues développer dans un milieu pour le moins hostile.

2 Tous les travaux convergent sur ce point : personne ne fait le choix de vivre à la rue dans ces conditions de vie extrêmes. Les personnes sans domicile peuvent parfois, dans certaines situations et face à certains interlocuteurs, dire le contraire. Mais cette assertion doit être ramenée aux conditions d'énonciation qui peuvent nécessiter en situation d'interaction une justification, une sauvegarde de sa face ou encore une revendication de liberté.

Une géographie de survie

La quête de biens de première nécessité et de services pour accéder à un hébergement, à des soins et aux droits s'accomplit en multipliant les démarches auprès des institutions. À l'instar du colporteur des siècles précédents, se dessinent des itinéraires urbains routiniers, parfois très resserrés autour de quelques points d'ancrage – la gare, le service de soins d'urgence, le lieu de manche – que l'on peut repérer sur les cartes du « savoir survivre[3] »et, de façon plus subjective, sur des cartes mentales où le sujet inscrit sa mémoire des lieux et le souvenir des épisodes passés de sa vie, parfois fixés en tel ou tel point réel ou imaginaire de l'espace urbain arpenté. La cartographie de la survie permet de comprendre comment l'éventail des choix possibles d'action se réduit d'autant que l'étendue des territoires urbains traversés se rétrécit. En ce sens, les parcours de survie sont des parcours d'itinérance, selon l'expression québecoise : les intervenants sociaux nomment « itinérants » les personnes qui fréquentent les refuges et les ressources communautaires en raison de leur circulation

3 Djemila Zeneidi-Henry, *Les SDF et la ville : géographie du savoir-survivre*, Paris, Bréal, 2002.

quotidienne entre les ressources d'aide, alors même que leur situation se caractérise par une accessibilité discriminatoire aux services de droit commun.

La géographie de survie intègre non seulement des modes de régulation des déplacements liés au fonctionnement des dispositifs d'assistance de jour et de nuit qui implique une « mise en flux » des personnes, mais également des activités de contrôle de l'espace planifiées par les forces de l'ordre conduisant, quant à elles, à leur « mise en circulation » dans l'espace urbain[4]. En effet, dans un contexte historique marqué par la dépénalisation des délits de mendicité et de vagabondage en 1992, se sont développées de nouvelles formes de répression, *via* par exemple les arrêtés municipaux de lutte contre la mendicité comme si ceux-ci comblaient un vide juridique, sans aucun doute imaginaire car le délit de vagabondage était tombé en désuétude depuis bien longtemps[5]. Il arrive aussi qu'assistance et répression se rejoignent dans une convergence d'intérêts, quand il s'agit de faire sortir les personnes sans domicile du métro parisien par exemple, pour la tranquillité des voyageurs, la santé commerciale de la RATP et la santé physique et psychique des personnes sans domicile elles-mêmes[6]. Ce double mouvement contraint de flux et de circulation a pour conséquence l'invisibilisation des plus pauvres dans les espaces publics. Les dispositifs qui empêchent toute occupation même éphémère des seuils d'immeubles dans les centres urbains en sont les témoins muets[7]. Mais tous les espaces de la ville n'ont pas le même statut et les mêmes qualités d'usage : les espaces centraux, plus riches en ressources de survie sont les plus touchés par les mesures répressives alors que les espaces « marginaux » sont les moins touchés, les espaces « transitoires » étant, quant à eux, appelés à changer de statut[8]. C'est en effet, la variation du statut de chaque espace urbain qui entraîne la mise en circulation. La cartographie de survie montre cette tension dans l'occupation des espaces publics, entre visibilité et invisibilité. Elle est un indice critique d'une société urbaine qui se protège des plus pauvres.

Un système d'habitat précaire

Pour survivre, l'appropriation d'espaces marginaux est donc essentielle : chaque ville recèle nombre d'espaces en attente de promoteurs, de friches industrielles, de délaissés urbains, de possibles squats. Ce sont dans ces lieux du possible retrait que se cachent les abris de fortune précaires, soumis à l'insécurité et aux intempéries mais offrant un semblant de chez soi. Anne-Claire Vallet, architecte et jeune chercheure en anthropologie, a su documenter par la photographie ces habitats interstitiels[9].

4 Édouard Gardella, « Au rythme de l'accompagnement. L'expérience éthique du travail de rue dans l'urgence sociale », Catherine Félix et Julien Tardif (s.l.d.), *Actes éducatifs et de soins, entre éthique et gouvernance*, Revue électronique de l'Université de Nice, page consultée le 21 février 2012, <http://revel.unice.fr/symposia/actedusoin/index.html?id=558> [en ligne].

5 Au tournant historique du XIXe siècle où le vagabond est devenu un cas d'école du domaine naissant de la psychiatrie. On se souvient au temps présent des controverses qui ont eu lieu au cours des années 1990 autour des arrêtés dits « anti-mendicité » et de leur judiciarisation devant les tribunaux administratifs.

6 Pascale Pichon, *Opération coup de pouce. L'assistance aux sans domicile fixe dans le métro*, Paris, RATP, 1994. Emmanuel Soutrenon, « Faites qu'ils (s'en) sortent... À propos du traitement réservé aux sans-abri dans le métro parisien », *Actes de la recherche en sciences sociales*, n° 136-137 « Nouvelles formes d'encadrement », 2001, pp. 38-48.

7 Daniel Terrolle, « La ville dissuasive : l'envers de la solidarité avec les SDF », *Espaces et sociétés*, n° 116-117 « Habiter sans logis », 2004, pp. 143-157.

8 David Snow et Michaël Mulcahy, « Stratégies de maîtrise de l'espace, de résistance et de survie des sans-logis à Tucson, Arizona », Daniel Cefaï et Isaac Joseph (s.l.d.), *L'Héritage du pragmatisme. Conflits d'urbanité et épreuves de civisme*, La Tour-d'Aigues, Aube, 2002, pp. 337-358.

9 Michel Agier (s.l.d.), *Paris Refuge. Habiter les interstices*, Paris, Croquant, 2011.

1996

Utilisation de la méthode d'échantillonnage mise au point par l'Institut d'études démographiques (INED) par une équipe de psychiatres. Vivianne Kovess, Caroline Mangin-Lazarus, *Santé mentale et accès aux soins des sans-domicile parisiens.*

Georges Le Hauton, *L'Errance... une déviance ?*, thèse de sociologie, Université Paris 5, Paris, 1996.

Chez soi

Catégorie à la fois politique et scientifique. Dans la littérature anglo-saxonne, et notamment le triptyque *home/housing/shelter*, elle renvoie au premier. Dans le paysage français, elle porte une critique de l'urgence sociale, axée sur la mise à l'abri à court terme (*shelter*). Depuis la conférence de consensus organisée en novembre 2007 par la Fédération nationale des associations d'accueil et de réinsertion sociale (FNARS), puis le transfert depuis la ville de New York de la politique de *Housing first* par le médecin Vincent Girard, le Chez soi commence à devenir en France une catégorie de l'action publique. Les premières expérimentations publiques du principe de Chez soi d'abord, traduction du *Housing first*, ciblent des personnes ayant des troubles de santé mentale sévères, pour leur faire bénéficier d'un accompagnement médico-social dans un logement dit « autonome ». En cas d'évaluation positive, cette politique publique devrait être généralisée à partir de 2014. En tant que catégorie scientifique, le chez soi a donné lieu de nombreuses investigations et théories. Dans le domaine plus spécifique du sans-abrisme, les enquêtes de terrain ont plus particulièrement mis en évidence quatre propriétés essentielles du chez soi : l'aménagement, l'attachement, l'appropriation et l'ancrage. L'aménagement ne relève pas seulement de la dimension matérielle de l'occupation des lieux mais consiste également sur le plan relationnel et symbolique à s'arranger avec les lieux, à aménager ses relations avec son entourage, le voisinage, les accompagnants sociaux, à se présenter aux autres à travers son espace habité. L'aménagement est une manière d'explorer la projection dans un logement, les rôles et les statuts sociaux à venir. L'attachement, quant à lui, repose sur un processus d'accrochages et de décrochages successifs aux personnes et aux produits (alcool, drogues) considérés comme nocifs par les intervenants sociaux mais pouvant être gérés de façons très contrastées selon les moments biographiques. L'appropriation implique les plaisirs de l'habiter et la préservation de l'intimité, mêlant au confort moderne le confort discret des perceptions sensibles liées au bien-être. L'ancrage enfin, a trait à l'inscription sociale et territoriale des personnes, ouvrant la possibilité de participer à la vie de la Cité, de s'en sentir un membre reconnu. Ces quatre propriétés n'apparaissent pas toutes avec la même intensité selon le mode d'habitat et l'environnement social. Mais pour être chez soi quelque part, elles doivent nécessairement coexister.

1. Vincent Girard, Pascale Estecahandy et Pierre Chauvin, *La Santé des personnes sans chez soi. Plaidoyer et propositions pour un accompagnement des personnes à un rétablissement social et citoyen*, rapport remis à la ministre de la Santé et des Sports, Paris, 2009.

2. Pascale Pichon (s.l.d.), *Sortir de la rue : les conditions de l'accès au chez soi*, étude DGAS, Paris, 2010.

La question de l'habitat précaire est au cœur du parcours de survie. Sous ces termes, il faut entendre d'une part toute la gamme des modes d'hébergement et de logement adapté (logement d'urgence ou logement d'insertion par exemple) et, d'autre part, toutes les formes d'abris concevables, bricolés par les personnes elles-mêmes. La diversité des statuts et du confort de tous ces types d'habitat offre bien sûr une forte modulation dans les degrés de précarité et d'insécurité. Et c'est à la lecture des parcours d'habiter, reconstitués sur plusieurs années, que se révèle l'amplitude de la précarité. On peut commencer à percevoir, comme dans l'exemple suivant tiré d'une étude collective sur les conditions d'accès au chez soi des personnes hébergées en institution[10], ce que tourner à l'intérieur du système d'habitat précaire sans parvenir à en sortir signifie.

10 Pascale Pichon (s.l.d.), *Les Conditions d'accès au chez soi*, rapport de recherche DGAS, Paris, 2011.

Une anthropologie des expédients

À travers la géographie de survie et le système d'habitat précaire, les parcours de survie se dessinent peu à peu dans l'espace et dans le temps. Toutes les formes d'abri sont un indice pour comprendre que la survie ne se joue pas seulement au sein des services de secours et d'assistance mais également en résistance à eux. C'est pourquoi, le parcours de survie combine des prises en charge institutionnelles non pérennes et des formes de débrouille individuelle et collective. Même si les personnes échappent toujours, un moment, à l'observateur lorsqu'elles dérivent entre rue et assistance, la longue durée de l'enquête est nécessaire pour comprendre que les parcours de survie peuvent durer des années, voire jusqu'à la fin de la vie.

Durant tout ce temps, chacun se débrouille. Dans le sens courant (se comporter habilement, se tirer d'une situation compliquée), la débrouille est employée de façon positive par les personnes sans domicile, montrant par là même les compétences développées pour survivre. Elle signale les ruses, stratégies, tactiques que les personnes mobilisent pour surmonter toutes les épreuves : administratives, juridiques, économiques, relationnelles. Chacun sait que la mendicité fait partie de ces activités qui permettent de « gagner sa vie » comme le disent les intéressés, en se pliant aux contraintes de « ce travail » qui nécessite de tenir sa place et son poste. La valorisation des activités de survie n'empêche pourtant pas leur disqualification à l'heure d'une éventuelle sortie de la rue lorsqu'elle est jugée, aux yeux des agents sociaux et sanitaires, comme autant d'obstacles au parcours de réinsertion. Les chercheurs qui décrivent et analysent ces expédients ont donné, quant à eux, raison aux capacités individuelles pour s'en sortir tout en rappelant que s'en sortir ne signifiait pas sortir de la rue. Cette possibilité nécessite que chaque personne puisse se saisir de supports collectifs efficients qui ouvrent des possibles de rencontres, d'actions et une confiance retrouvée dans le monde commun.

Page de droite :
Détail du panneau de l'exposition *Des récits de survie*.

1997

Noël Jouenne,
Approche de la problématique sine domo *en Haute-Loire et au Puy-en-Velay, du milieu du XIX*e *siècle à nos jours. Contribution à l'étude du vagabondage*, thèse de sociologie, Université Paris 5, Paris.

Éric B,
né à Belfort en 1988, passe une partie de son enfance en Pologne avec sa mère dont c'est le pays d'origine puis en famille d'accueil dans le territoire de Belfort. A dix-huit ans, il est accueilli dans un foyer de jeune travailleurs pendant un an. Il part ensuite « faire la route » à travers la France, il vit le plus souvent dans sa voiture et se déplace en fonction des opportunités de travail saisonnier. Il arrive à Libourne en 2008 et s'installe dans un squat avant de partir vivre avec des amis dans un camion aménagé et arrive à Béziers. De là, il se rend à Montpellier où il trouve abri dans une voiture puis dans différents squats et plante finalement sa tente dans le recoin d'un parking. Il y est délogé par les forces de l'ordre au bout de quelques mois. Il sera peu de temps après hospitalisé. en juin2009, il trouve une place en lit de soins, d'abord logé dans un Algeco afin de conserver ses chiens près de lui, avant de pouvoir s'installer dans une chambre au sein du dispositif Lit halte soin santé, pour enfin occuper une petite chambre en place de stabilisation. Aujourd'hui, il est pris en charge dans le Centre d'hébergement et de réinsertion sociale (CHRS) Regain.

Domicile familial_
1988-date de fin non connue
Famille d'accueil_
date de début non connue-2006
Foyer jeunes travailleurs_
2006-2007
Voiture_
2007-2008
Squat (une semaine) puis **camion** de Libourne à Béziers pour festival (deux mois)_
2007-2008
Voiture_
Montpellier, 2008

Squat_
Montpellier, 2008
Squat_
Montpellier, 2008
Squat_
Montpellier, 2008
Tente sur un parking_
Montpellier, 2009
Centre d'hébergement et de réinsertion sociale (CHRS)_
Place de stabilisation, Montpellier, 2009
Centre d'hébergement et de réinsertion sociale (CHRS)_
Place d'insertion, Montpellier, 2009-2011

En effet, sortir de la rue relève essentiellement de la responsabilité collective au même titre que les causes du sans-abrisme. Mais la sortie ne peut s'appuyer sur l'économie de survie. Si l'on prend au sérieux l'anthropologie des expédients, c'est elle qui est « capable de nous faire comprendre la pauvreté contemporaine sans dissocier les histoires personnelles des configurations historiques dans lesquelles elles sont saisies[11] ». Ce qui implique ici d'agir sur la configuration historique actuelle.

11 Isaac Joseph, « Le ressort politique de l'assistance, le moralisme et l'expérience de l'induction morale (à propos de Simmel et de l'ethnographie de SDF) », Danielle Ballet (s.l.d.), *Les SDF : représentations, trajectoires et politiques publiques*, PUCA, 2003, pp. 321-345.

Une expérience commune

Si les aspects économiques sont le noyau dur des parcours de survie, ils n'en forment pas la substance. Il convient de mettre l'accent sur l'environnement humain essentiel. Chacun personnalise son réseau de survie selon son histoire biographique, ses attachements aux lieux et aux gens. Le réseau de survie est composé de diverses relations plus ou moins stables dont, celles, indispensables pour tenir, basées sur la confiance. Il a donné lieu à une formalisation dans le travail sociologique d'exploration biographique par une adaptation de la notion de réseau égocentré[12] issue de la sociologie américaine urbaine, qui permet de comprendre avec une plus grande précision, la qualité, la densité des liens aux autres, aux lieux, aux choses comme aux produits toxiques. À travers cette lecture par les réseaux, les parcours de survie dévoilent un ensemble d'apprentissages, d'initiations, d'épreuves vécues par étapes successives, de liaisons et dé-liaisons qui ont rendu si vulnérables les identités personnelles et collectives des personnes sans domicile.

12 Pascale Pichon et Thierry Torche, *S'en sortir... Accompagnement sociologique à l'autobiographie d'un ancien SDF*, Saint-Étienne, PUSE, 2007.

Sans écarter sur le plan individuel la diversité des trajectoires familiales et professionnelles menant à la situation de sans-domicile, sans occulter sur le plan sociétal les déterminants sociaux et structurels[13], c'est aujourd'hui leur ancrage dans l'histoire contemporaine qui signe l'expérience collective des parcours de survie. En premier comme en dernier ressort, la pensée de notre fragile urbanité nous invite à ne pas délaisser les conséquences morales et politiques des parcours de survie. Et ce sont peut-être bien ces espaces contestés par des usages concurrents qui opposent aux citadins des servitudes différentes, ce sont bien nos espaces publics que l'on doit considérer comme des espaces moraux tant qu'ils nous empêchent de reléguer les indésirables en dehors du monde commun.

13 Et donc orientant des possibilités d'action politique en termes de justice sociale et de solidarité.

Pascale Pichon, sociologue, maître de conférences HDR, Centre Max Weber (UMR 5283), Université Lyon / Saint-Étienne.

1998

Loi du 29 juillet relative à la lutte contre les exclusions.

Florence Tourette, *Extrême pauvreté et Droits de l'homme : analyse de l'obligation juridique et des moyens des pouvoirs publics français dans la lutte contre l'extrême pauvreté*, thèse de droit public, Université Clermont-Ferrand 1, Clermont-Ferrand.

Les propriétaires de chiens en situation d'exclusion

Christophe Blanchard

Exposer l'exclusion représente pour les artistes et les chercheurs qui s'y attellent un défi de taille tant les problématiques entourant cette question s'avèrent multiples et entremêlées. Sociologue et cynotechnicien, spécialiste des jeunes à la rue accompagnés de chiens, je constate ainsi quotidiennement combien le témoignage scientifique autour d'une situation sociale pas ou peu questionnée, rend fatalement ces travaux voués à une exposition politique, sociale et médiatique qu'il s'agit de maîtriser au mieux pour dénaturer le moins possible le quotidien de mes informateurs.

Une marginalité visible mais méconnue

Apparus dans le sillage des fêtes techno des années 1990 comme les technivals et les free-parties, ceux qu'on appelle les « jeunes errants », les « routards » ou encore les « zonards » constituent un groupe très éclectique de jeunes hommes et de jeunes femmes âgés de dix-sept à trente-cinq ans. Généralement sans abri, ces jeunes propriétaires ont fait des centres villes leur zone d'existence, squattant les abords des gares, lieux de trafics en tout genre, ou faisant la manche dans les artères commerçantes de nos cités[1]. S'ils sont facilement identifiables par leurs stigmates corporels (tatouages, piercings, scarifications), par leurs tenues vestimentaires provocatrices, mais aussi par un mode spécifique d'appropriation de l'espace urbain rendu encore plus ostensible (et bruyant) par la présence nombreuse de chiens, ces figures incontournables de la marginalité urbaine contemporaine demeurent pourtant très mal connues. Les chercheurs en sciences sociales se sont d'ailleurs eux-mêmes largement désintéressés de ce binôme homme / animal[2] dont l'omniprésence engendre pourtant de fortes préoccupations politiques et sociales.

1 François Chobeaux, *Les Nomades du vide*, Paris, La Découverte, 2004.

2 Quelques mirco-analyses autour des *Homeless Pet Owners* ont été amorcées par des psychologues anglo-saxons, néanmoins elles demeurent relativement limitées au regard des enjeux relatifs à cette problématique. Voir Aline H. Kidd et Robert M. Kidd, « Benefits and liabilities of animals for the homeless », *Psychological Reports*, n° 66, 1994, pp. 715-722 ; Randal S. Singer, Lynette A. Hart et R. Lee Zasloff, « Dilemmas associated with rehousing homeless people who have companion animals », *Psychological Reports*, n° 77, 1995, pp. 851-857 ; Lynn Rew, « Friends and pets as companions : Strategies for coping with loneliness among homeless youth », *Journal of Adolescent Psychiatric Nursing*, n° 12, 2000, pp. 125-140.

COMPAGNON
SANS DOMICILE FIXE

CHIEN
HOMME

“Durant mon enquête, le chien m’est apparu comme un élément facilitant l’intégration à une communauté et permettant de cimenter les relations au sein de celle-ci. […] Lors de l’arrivée d’une nouvelle portée de chiots, […] la cession d’un chien à un membre du groupe permet à son propriétaire d’acquérir une reconnaissance et d’affirmer son positionnement au sein de la communauté en renforçant les alliances entre propriétaires désormais unis dans une même parenté.”

“Auxiliaire fonctionnel ou exutoire affectif, l’animal […] reste un vecteur social important facilitant souvent le lien entre le propriétaire et le reste de la population. Pourtant la présence du chien demeure également une source d’exclusion supplémentaire pour une population déjà stigmatisée. En effet, peu de structures censées lui venir en aide s’avèrent aujourd’hui préparées à accueillir des animaux. Refusant systématiquement de se défaire, même épisodiquement de leur compagnon à quatre pattes, les maîtres […] en arrivent donc souvent à sacrifier leur suivi social ou médical.”

Déconstruire les lieux communs pour mieux donner à voir

À l'heure de proposer, dans le cadre de l'exposition, la meilleure façon de rendre compte de la problématique des maîtres à la rue et de leurs compagnons d'infortune, l'absence de données ethnographiques et sociologiques exhaustives pose évidemment question. Depuis quelques années, mes investigations ont donc consisté à mettre en perspective ce manque[3]. Ce travail de longue haleine a notamment visé à rompre avec des dénominations communes mais inadaptées. La remise en cause de la terminologie « punks à chiens » dont on affuble parfois ces personnes, fait ainsi partie de ce chantier de déconstruction. Peu investis politiquement, ces jeunes à la rue n'ont effectivement que bien peu de choses en commun avec la génération No future des années 1970, dont ils ne partagent au mieux qu'une hypothétique filiation capillaire. En réalité, plutôt que de les donner à voir sous l'angle restrictif d'une marginalité, forcément stigmatisante, j'ai préféré faire émerger de leurs parcours les points valorisants de leur identité : maîtres attentifs d'animaux la plupart du temps bien nourris et en bonne santé, ces jeunes sont finalement avant tout des propriétaires guère différents de ceux qui se chargent parfois de pointer du doigt leurs prétendues déviances.

3 Christophe Blanchard, *Les Jeunes Propriétaires de chiens à la rue : analyse d'un phénomène d'exclusion sociale anthropo-zoologique*, thèse de doctorat en sociologie, Université d'Évry Val-d'Essonne, à paraître (2012).

L'invention d'une culture socio-canine

En marge des redites, des banalités et des lieux communs interprétatifs, j'ai donc cherché une focale novatrice pour exposer et rendre compte du vécu de ces propriétaires. La médiation du chien s'est avérée, à ce titre, une grille de lecture particulièrement pertinente, ouvrant un champ de compréhension exceptionnellement riche.

En observant la présence permanente de l'animal à leur côté, j'ai notamment pu démontrer que ces jeunes propriétaires avaient su donner à leur communauté une identité particulière qui les distinguait des autres groupes d'exclus[4]. D'un point de vue social, la présence du chien restait ainsi un vecteur d'interactions important entre les jeunes maîtres et le reste de la population. La manche demeure par exemple bien plus fructueuse pratiquée avec un chien, tant d'un point de vue matériel (argent) que symbolique (un sourire, une parole).

Autre découverte anthropologique : les jeunes propriétaires accompagnés de chiens ont inventé autour de l'animal une véritable culture familiale leur permettant de structurer le groupe et de souder la communauté. Dans la rue, l'arrivée d'une nouvelle portée

4 Christophe Blanchard, « Des Routards prisonniers dans la ville », *Sociétés et Jeunesses en difficulté*, n° 7, printemps 2009 ; Christophe Blanchard, « Ce qu'"errer avec un chien veut dire" : état des lieux d'un nouveau type de marginalité », *Revue d'Ethnozootechnie*, juin 2009. Christophe Blanchard, *Les Jeunes Errants brestois et leurs chiens, retour sur un parcours semé d'embûches*, étude sociologique effectuée pour le compte du Centre communal d'action sociale de Brest, septembre 2007.

Page de gauche :
Détail du panneau de l'exposition *Quelle est l'identité des personnes sans domicile ?*

Isabelle Parizot, *Soigner les pauvres. Rapports sociaux et identités dans les associations humanitaires et le secteur hospitalier*, thèse de sociologie, IEP, Paris.

2000

de chiots n'est ainsi jamais sans incidence pour la vie du groupe. C'est elle en effet qui va permettre de redéfinir les alliances entre les membres de la communauté par le biais d'un système d'échanges et de dons d'animaux qui se met en place entre les individus et qui permet d'assurer des liens de solidarité qui n'existeraient pas forcément autrement. Ces liens sont d'autant plus forts et solides qu'ils dépassent le simple cadre du donneur-receveur pour toucher d'autres membres du groupe. En effet, à chaque nouvelle portée, les chiots se voient attribuer une marraine et un parrain qui assurent la garde de l'animal en cas de démarches administratives, d'hospitalisation, voire d'incarcération du propriétaire. Si la parentèle socio-canine ainsi créée soude indubitablement le groupe, dans la ville, voire parfois au-delà, ce procédé artisanal d'échanges permet également de compenser un système d'accompagnement social ponctuellement défaillant pour les propriétaires de chiens à la rue.

Christophe Blanchard, doctorant en sociologie, laboratoire ETE de l'Université d'Évry Val- d'Essonne.

2000

Gisèle Dambuyant-Wargny,
Entre choix et destin, la condition sociale des plus démunis : la place du corps dans la désocialisation,
thèse de sociologie, EHESS, Paris.

Mise en flux

Expression qui vise à caractériser le mode d'exercice du contrôle social sur les personnes sans domicile, dans un contexte historique inédit qui a vu la dépénalisation des délits de mendicité et de vagabondage (juillet 1992). Cette disparition, concomitante d'une institutionnalisation croissante des dispositifs d'assistance, ne signifie pas la fin de pratiques multiséculaires de répression des individus ou des groupes ne disposant pas d'un logement ou recourant à la mendicité. Après s'être appuyé sur les hôpitaux généraux et les dépôts de mendicité, le contrôle social s'exerce au niveau local, dans les espaces publics, par l'intermédiaire des forces de l'ordre mettant en œuvre une répression sans pénalité par le déplacement d'un site à un autre.

La mise en flux intègre non seulement les activités des forces de l'ordre, mais également le fonctionnement des dispositifs d'assistance. Elle rapproche les pratiques de déplacement contraint (via les arrêtés anti-mendicité municipaux ou des pratiques de police économique), de l'organisation des centres d'hébergement d'urgence dans lesquels la durée de séjour limitée contraint les usagers à mener une quête perpétuelle d'un lieu où se reposer. Assistance et répression se rejoignent même dans une convergence d'intérêts, quand il s'agit de faire sortir les personnes SDF du métro parisien, pour la tranquillité des voyageurs, la santé commerciale de la RATP et le bien-être des personnes SDF elles-mêmes[1]. Dans ces divers cas, la mise en flux pointe un mode de contrôle social commun à l'assistance et à la répression, dont l'objectif plus ou moins voilé est l'invisibilisation des pauvres dans les espaces publics. En témoignent les dispositifs anti-SDF qui fleurissent dans de nombreuses villes[2].

1 Emmanuel Soutrenon, « Faites qu'ils (s'en) sortent... À propos du traitement réservé aux sans-abri dans le métro parisien », *Actes de la recherche en sciences sociales*, n° 136-137 « Nouvelles formes d'encadrement », 2001, pp. 38-48. Céline Bellot Céline et Marie-Marthe Cousineau, « Le métro : espace de vie, espace de contrôle », *Déviance et société*, vol. 20, n° 4, 1996, pp. 377-395.

2 Daniel Terrolle, « La ville dissuasive : l'envers de la solidarité avec les SDF », *Espaces et Sociétés*, n° 116-117 « Habiter sans logis », 2004, pp. 143-157.

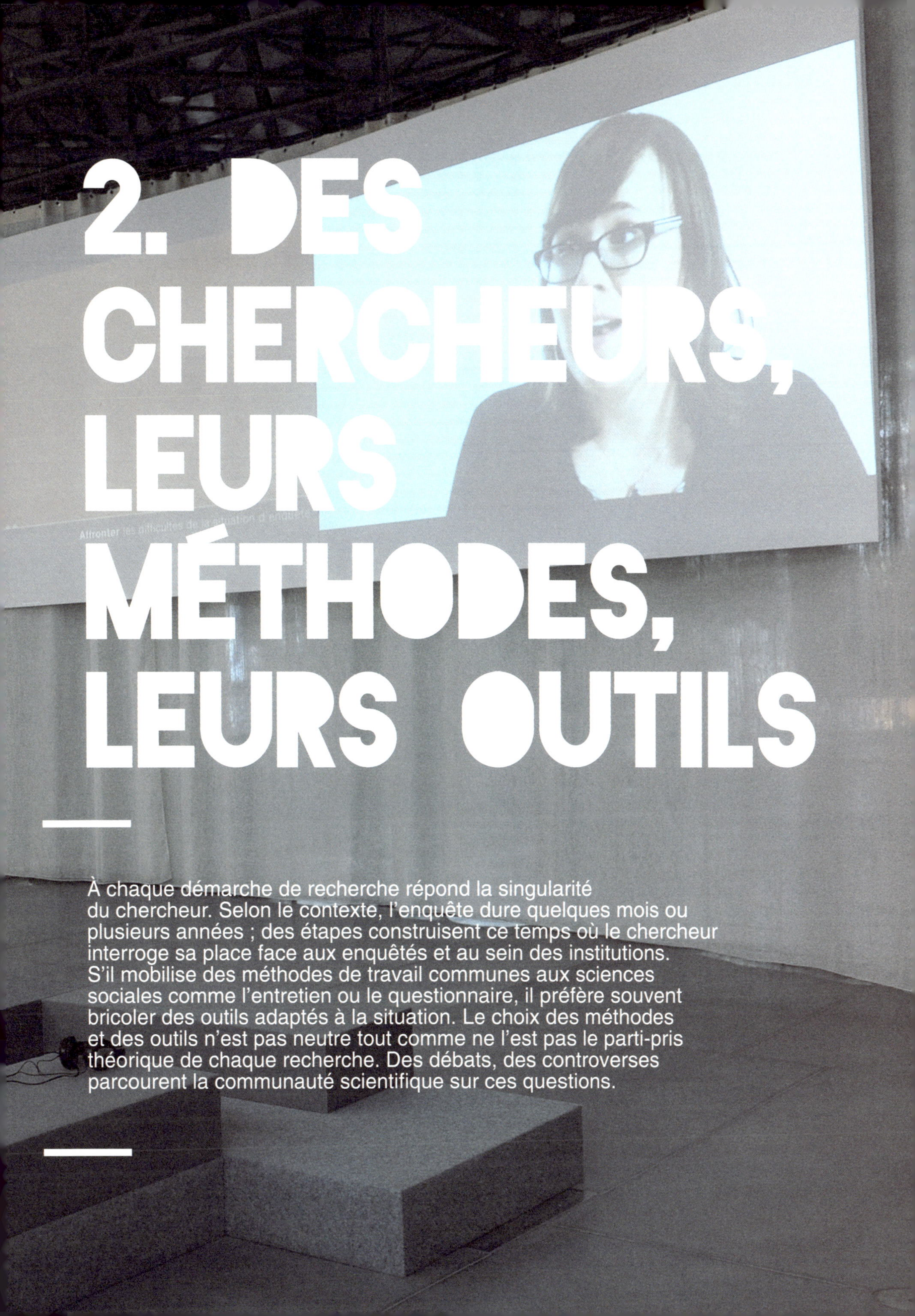

2. DES CHERCHEURS, LEURS MÉTHODES, LEURS OUTILS

À chaque démarche de recherche répond la singularité du chercheur. Selon le contexte, l'enquête dure quelques mois ou plusieurs années ; des étapes construisent ce temps où le chercheur interroge sa place face aux enquêtés et au sein des institutions. S'il mobilise des méthodes de travail communes aux sciences sociales comme l'entretien ou le questionnaire, il préfère souvent bricoler des outils adaptés à la situation. Le choix des méthodes et des outils n'est pas neutre tout comme ne l'est pas le parti-pris théorique de chaque recherche. Des débats, des controverses parcourent la communauté scientifique sur ces questions.

Les chercheurs répondent aux questions des commissaires

Claudia Girola
anthropologue, maître de conférences, CSPRP, Université Paris 7

Page précédente :
Détail de l'exposition © Sonia Barcet.

- En quoi les démarches que tu déploies pour interroger la réalité sociale du sans-abrisme ou pour répondre à une commande institutionnelle sur cette question font-elles sens pour toi dans ton travail de chercheure ?

Je dis toujours que le fait de m'être intéressée aux personnes sans abri en France a une histoire, une continuité dans ma propre vie en tant que chercheuse et en tant que personne. J'ai travaillé longtemps en Argentine auprès des populations qui se trouvaient dans des situations historiques de précarité socio-économiques profondes. Mon travail initial était partagé entre un intérêt anthropologique pour comprendre ces processus sociaux concrets dans l'après-dictature sanglante, où ces personnes avaient été l'une des cibles particulières de ce régime (l'enjeu dc compréhension de ces processus pour les sciences sociales était particulièrement riche), et une responsabilité, une dette éthique et de justice envers ces populations que je partageais avec les scientifiques sociaux argentins.

Pendant la période de la dictature, ces populations ont été abandonnées par le regard sociologique car il était très difficile de les approcher sans être soupçonné de participer à un quelconque engagement politique avec, bien entendu, le risque de disparaître soi-même le lendemain. Or le regard sociologique se devrait être protecteur parce qu'il cherche à comprendre. Tout en accompagnant, il est également accompagné par ceux-là mêmes qui sont étudiés : cet accompagnement réciproque permet d'approcher leur vérité et instruit des formes de transmission.

C'est à travers la démarche ethnographique réflexive que j'ai trouvé ma manière de faire et de penser les fragments du réel qui s'imposaient à moi, démarche qui date de cette époque. Elle fait depuis partie de mon travail de connaissance surtout parce qu'elle réactualise

Page de gauche :
Images extraites des interviews filmées des chercheurs. De gauche à droite et de haut en bas, David Grand, Léonardo Antoniadis, Pascale Pichon, Carolyne Grimard, Édouard Gardella, Numa Murard, Jean-François Laé, Élodie Jouve, Rémi Éliçabe, Claudia Girola, Chritophe Blanchard, Marine Maurin, Katia Choppin © Matthieu Foulet.

2000

Djemila Zeneidi-Henry,
Les SDF et la ville : le cas de Bordeaux, thèse de géographie, Université Bordeaux 3, Bordeaux.

nécessairement sur chacun de mes terrains d'enquête la longue histoire du rapport à l'autre. En arrivant en France, ma stupeur a été énorme en découvrant des personnes dans une telle situation d'indigence alors qu'il existait un État social protecteur, inimaginable dans ma géographie historique et sociale. Cette stupeur est devenue pour moi un outil politique, méthodologique et éthique fondamental pour aborder la question du sans-abrisme. Il m'a permis d'approcher de manière compréhensive, à partir de leurs propres réflexions, leurs conditions d'inégalité, d'injustice. Cette attitude cognitive m'a aidée à conserver une vision universelle, comparative, historique et situationnelle de la question des sans-abri, et ainsi elle m'a gardée de toute tentation substantialiste. C'est bien cette attitude de veille qui m'a confirmé que mon intérêt n'était pas centré sur un mode de vie typique de pauvreté, mais plutôt sur une situation de vie extrême dans notre monde commun dont il s'agissait de comprendre les rouages. Là où l'inédit d'une telle expérience extrême fait irruption, elle ajoute du sens à ce monde. Mon passé de chercheuse argentine sur les Argentins pauvres et mon présent de chercheuse en France sur les pauvres en France (qu'il faut saisir dans la dynamique du processus de globalisation) se trouvent ainsi en dialogue permanent: c'est cela qui constitue un pont ou un horizon de sens partagé.

- Comment envisages-tu ou construis-tu des ponts entre les différentes sources de savoirs scientifiques et pratiques, ou encore entre ta production de recherche et d'autres formats de connaissance ?

Pour moi, il y a toujours un dialogue entre différentes sources de connaissance. Cela se fait sans calcul préalable, sans orthodoxie méthodologique ou théorique. Je me sens impliquée et respectueuse du présent historique, je m'inscris dans une démarche de compréhension de la logique interne des situations observées, partagées. J'utilise mon intuition, mon flair et aussi une certaine émotion politique vis-à-vis de la production de connaissances et de ses possibles effets futurs. Mon intuition se nourrit des lectures de différents auteurs, des collègues avec lesquels nous échangeons nos points de vue, elle se nourrit de l'expérience de tous les jours dans ma propre vie mais surtout elle se nourrit de l'observation de ce que font, pensent et disent les personnes sans abri dans toutes nos interactions.

- Penses-tu que ton travail de recherche est un acte militant ?

Je ne sais pas très bien, parce que le terme « militant » n'est pas univoque. En tout cas, je peux dire que ce que j'ai pu apprendre directement avec les personnes sans abri ou dans les rapports

2001

Serge Paugam (s.l.d.), *La Clientèle des associations adhérentes à la FNARS*, enquête réalisée par l'Observatoire sociologique du changement.

Vanessa Stettinger, *Le Métro, le café, la maison. Triptyque d'une sociologie de la précarité*, thèse de sociologie, Université Paris 7, Paris.

qu'elles entretiennent avec autrui, ce que j'ai pu comprendre et puis conceptualiser à partir des observations de leurs pratiques et des accompagnements quotidiens auprès d'elles, se tissent à mes écrits, aux mots que je dis à mes amis ou mes relations, se glissent subrepticement dans les phrases tendres que j'adresse à mon fils, imprègnent les cours que je donne à mes étudiants à l'université et les explications que je donne aux acteurs politiques et sociaux. Le but c'est que les expériences des personnes sans abri se distillent dans l'expérience propre du lecteur-récepteur, de celui qui écoute et qui lit, afin qu'il puisse les raconter à son tour et ainsi devenir leur complice, leur héritier, leur témoin. Mon militantisme, c'est peut-être ça, donner à voir, faire savoir la souffrance des autres et leurs réussites aussi.

- « Ces capacités – la pensée critique ; la capacité à dépasser les intérêts locaux pour affronter les problèmes mondiaux en "citoyen du monde" ; enfin la capacité à imaginer avec empathie les difficultés d'autrui – dépendent de l'étude des humanités et des arts. » Cette citation, empruntée à la philosophe Martha Hussbaum dans son ouvrage *Les Émotions démocratiques* (2011), est-elle pour toi juste ? Que voudrais-tu ajouter ou discuter ?

Je suis d'accord avec ces capacités mentionnées par Martha Nussbaum, elles sont la base pour approcher l'autre en souffrance ou dans le besoin et le re-connaître dans toute sa différence. Celle-ci lui appartient en propre, elle est celle qui, paradoxalement, nous unit à lui. Mais je préfère penser que ce sont des capacités universelles vers lesquelles beaucoup de personnes s'orientent et qu'elles ne sont pas uniquement le privilège de ceux qui ont été formés par l'étude des humanités et des arts mais plutôt par l'expérience d'une humanité partagée et réfléchie. Je suis toutefois d'accord avec Martha Nussbaum que l'étude des humanités et des arts doit être toujours protégée dans la formation de nos enfants, de nos jeunes, car c'est vrai que ce sont ces connaissances qui stimulent surtout la pensée critique, ingrédient fondamental pour être dans le monde et réfléchir à comment vivre ensemble justement.

Sophie Rouay-Lambert,
Vivre à la rue et en sortir : pratiques urbaines sans abri et parcours d'insertion sociale par le logement,
thèse d'urbanisme, Université Paris 8, Paris.

Bertrand Ravon
sociologue, professeur, Centre Max Weber (UMR 5283), Université Lyon / Saint-Étienne

- En quoi les démarches que tu déploies pour interroger le sans-abrisme et le travail des praticiens face à ces situations de grande vulnérabilité ou pour répondre à une commande institutionnelle sur cette question font-elles sens pour toi dans ton travail de chercheur ?

Je ne travaille pas directement sur le phénomène ainsi nommé « sans-abrisme », mais je m'y intéresse au nom de mes recherches consacrées à l'expérience publique des problèmes sociaux. Je me suis plus particulièrement penché sur les pratiques d'accompagnement de personnes en grande situation de précarité (dont des personnes SDF) en tant que ces pratiques me semblent paradigmatiques d'une transformation socio-historique d'ampleur qu'on pourrait très schématiquement apprécier à partir du passage d'une action universalisante socio-éducative fondée sur l'idéal moderne de la perfectibilité vers une série d'actions situées et palliatives fondées sur le souci clinique de ce qui arrive à autrui.

- Comment envisages-tu ou construis-tu des ponts entre les différentes sources de savoir scientifique et pratique, ou encore entre ta production de recherche et d'autres formats de connaissance ?

Je suis très attaché à la circulation entre « recherche confinée » et « recherche de plein air » dont parle Michel Callon et en ce sens, je favorise les activités de restitution, de participation à des journées d'études, de publication dans des revues destinées à des publics d'intervenants et enfin d'intervention dans des équipes professionnelles. La mise en œuvre et le pilotage d'un master professionnel dédié à des professionnels de l'intervention sociale avec l'idée de transférer vers ce champ les outils nés de la pratique de la recherche en sciences sociales, participent également de ce souci.

- Penses-tu que ton travail de recherche est un acte militant ?

Non dans la mesure où je ne suis pas nécessairement en accord avec les pratiques que j'observe. Oui lorsque mon intérêt sociologique pour une action, qui me paraît par ailleurs remarquable en tant que citoyen, contribue à sa visibilité et à sa reconnaissance. Mais plutôt

2001

Carole Amistani,
Les Femmes sans domicile : rapports à l'institution, système de valeurs et éducation informelle, thèse de sciences de l'éducation, Université Paris 13, Paris.

que de trancher, je préfère dire, à la suite de Philippe Lucas, que je mène des recherches impliquées, au sens où elles sont susceptibles d'amener des matériaux capables d'aider les acteurs à repenser, requalifier et améliorer les situations dans lesquels ceux-ci sont engagés. Dit autrement, les sciences sociales, nées de la démocratie, sont à son service.

- « Ces capacités – la pensée critique ; la capacité à dépasser les intérêts locaux pour affronter les problèmes mondiaux en "citoyen du monde" ; enfin la capacité à imaginer avec empathie les difficultés d'autrui – dépendent de l'étude des humanités et des arts. » Cette citation, empruntée à la philosophe Martha Hussbaum dans son ouvrage *Les Émotions démocratiques* (2011), est-elle pour toi juste ? Que voudrais-tu ajouter ou discuter ?

Oui, absolument. La plus-value principale de la recherche sociologique tient selon moi en la capacité à comprendre et articuler différents points de vue sur une même réalité. Ce faisant, elle participe à la possibilité même du pluralisme, pierre angulaire de nos démocraties.

Marine Vassort,
L'Errance urbaine : territoire en transit et régulations institutionnelles, thèse d'aménagement de l'espace et d'urbanisme, Université Aix-Marseille 2, Marseille.

Julien Damon,
La Question SDF : ciblage et bricolage, thèse de sciences sociales et sciences de la connaissance, Université Paris 5, Paris.

Daniel Terrolle
anthropologue, maître de conférences, Université Paris 8

- En quoi les démarches que tu déploies pour interroger le sans-abrisme et le travail des praticiens face à ces situations de grande vulnérabilité ou pour répondre à une commande institutionnelle sur cette question font-elles sens pour toi dans ton travail de chercheur ?

L'un des premiers sens de ma démarche est de s'inscrire dans le temps : depuis vingt et un ans que mes recherches portent sur ce sujet, cette dimension diachronique est révélatrice de l'immobilisme dans lequel, au-delà des déclarations tonitruantes et des effets d'annonce visant à en finir avec les SDF, stagne la résolution de ce sujet. Cela me permet d'interroger le sens de cette continuité tant au regard des politiques sociales et des acteurs impliqués dans ces dernières que dans l'idéologie profondément philanthropique qui les fonde. De plus, à la lumière de la précarisation de plus en plus grande des couches sociales dominées, l'absence d'évaluation de l'efficacité de ces politiques sociales et de leur remise en question témoignent d'un manque d'anticipation politique redoutable.

- Comment envisages-tu ou construis-tu des ponts entre les différentes sources de savoirs scientifiques et pratiques, ou encore entre ta production de recherche et d'autres formats de connaissance ?

La construction de ponts de compréhension entre la recherche fondamentale en sciences humaines sur ce sujet et les pratiques (ou les théorisations de ces dernières) dans le champ du travail social ou du caritatif (de plus en plus mis en concurrence par l'État avec le travail social dans le cadre du marché que représente la mise en application des politiques sociales), conforte malheureusement mes analyses tant sur le fond (la déclinaison des multiples aspects du pathos de cette philanthropie et du compassionnel) que sur la forme (organisation concurrentielle du marché de la pauvreté). Ces deux dimensions reposent fondamentalement sur un consensus des parties – si ce n'est une complicité – visant à freiner toute évaluation possible de ce que deviennent les SDF tant du côté de leur réinsertion supposée que de leur mort certaine et, par là, toute remise en question possible de ces politiques sociales. On est dans une situation bloquée qui garantit ainsi la pérennisation de cette logique. Il manque en France un acteur essentiel – présent au Québec sur ce sujet sous la

2002

Bénédicte Havard-Duclos, *Entre philanthropie et syndicalisme : militants et mal-logés de l'association Droit au logement (DAL)*, thèse de sociologie, Université de Saint-Quentin-en-Yvelines, Saint-Quentin-en-Yvelines.

Claudia Turra Magni, *Images du même et de l'autre : ethnographie des ateliers artistiques pour des personnes sans domicile à Paris*, thèse d'ethnologie, EHESS, Paris.

forme du mouvement communautaire – qui permettrait de sortir de cette impasse au moins en cassant le jeu figé actuel tant par des propositions innovantes en matière de recherche – action ou de recherche en partenariat que par une approche fondamentalement différente (impliquant des solutions nouvelles) de la situation des personnes à la rue.

- Penses-tu que ton travail de recherche est un acte militant ?

La recherche n'est en rien un acte militant. À l'inverse de ce dernier qui se fonde sur des convictions politiques, le chercheur, à partir des faits de terrain, construit un objet scientifique signifiant par lui-même. Cependant, toute recherche en sciences humaines, en dévoilant un réel dissimulé derrière les représentations collectives, peut sans doute donner des arguments à un quelconque militantisme, mais cela ne relève plus de la recherche mais de son exploitation. L'ethnologue n'est pas un militant. Cependant, l'exercice de sa discipline même, dans sa propre société, lui impose une posture particulière, souvent mal comprise par ses contemporains. Je fais mienne la définition que Colette Pétonnet et Marie-Christine Pouchelle donnent du rôle de l'ethnologue dans sa propre société : « Quoi qu'il en soit, le rôle de l'ethnologue consiste au moins à transmettre une attitude critique par rapport aux données du sens commun, à enseigner la désobéissance aux idées reçues, à donner l'exemple de l'irrespect relativement aux valeurs considérées comme évidentes. Ainsi "l'ethnologie chez soi" serait par essence, subversive[1] ». C'est sans nul doute cette posture subversive qui est prise, abusivement, pour du militantisme.

1 Colette Pétonnet et Marie-Christine Pouchelle, « Le rôle de l'ethnologue dans sa propre société » in Segalen Martine (s.l.d.), *L'Autre et le Semblable*, Paris, Presses du CNRS, 1989, p. 190.

- « Ces capacités – la pensée critique ; la capacité à dépasser les intérêts locaux pour affronter les problèmes mondiaux en "citoyen du monde" ; enfin la capacité à imaginer avec empathie les difficultés d'autrui – dépendent de l'étude des humanités et des arts. » Cette citation, empruntée à la philosophe Martha Hussbaum dans son ouvrage *Les Émotions démocratiques* (2011), est-elle pour toi juste ? Que voudrais-tu ajouter ou discuter ?

La citation de Martha Hussbaum énonce une part de vérité tant elle est généralisatrice, mais en même temps, c'est cela même qui la limite. Le discours des philosophes, avec lequel j'ai rompu à la fin de mes études de philosophie au profit de l'anthropologie occulte toujours ce qui le fonde. On ne sait jamais d'où elle parle et, trop souvent elle n'est que simple artifice rhétorique. À ces considérations générales, parfois purement conceptuelles, je préfère ce que signifient les faits de terrain. Ces derniers ont une consistance autre que les concepts et leur réfutation rhétorique est autrement délicate !

Carolyne Grimard
sociologue, assistante de recherche, Université de Fribourg (Suisse), membre de l'UQAM-CRI, Québec, Canada

- En quoi les démarches que tu déploies pour interroger la réalité sociale du sans-abrisme ou pour répondre à une commande institutionnelle sur cette question font-elles sens pour toi dans ton travail de chercheure ?

C'est une voie que j'ai empruntée par accident, et non pas par choix. On m'a offert un contrat. J'ai accepté. J'ai acquis certaines connaissances. J'ai aimé. J'ai continué. Ça fait maintenant sens pour moi puisque j'y ai développé un bagage de connaissance, un réseau, une façon d'appréhender le réel et de faire de la sociologie. Je trouve toutefois que c'est un bel accident, que cette rencontre avec l'objet SDF. Je ne me verrai pas étudier autre chose. Je suis en Suisse depuis un an et la réalité SDF n'est pas aussi présente qu'elle l'est à Montréal et j'ai de la peine à quitter cet objet pour en choisir un autre. Je n'arrive pas à quitter cet objet. C'est celui-là que je veux étudier encore. Tant de choses à dire, à vouloir comprendre. Le doctorat ne m'a pas du tout assouvie. Au contraire, il a ouvert une fenêtre sur un monde que là, momentanément, je ne peux continuer d'explorer. Donc, en résumé, la question SDF a modulé mon identité de jeune chercheure et j'en suis bien fière !

- Comment envisages-tu ou construis-tu des ponts entre les différentes sources de savoirs scientifiques et pratiques, ou encore entre ta production de recherche et d'autres formats de connaissance ?

Les différentes sources de savoirs sont pour moi nécessairement complémentaires. Je suis une chercheure de terrain. Je ne m'imagine pas travailler à partir de textes, faire des essais ou des propositions, ne reposant que sur une scientificité abstraite. Ce qui se passe concrètement m'intéresse, autant que l'interprétation qu'en font les milieux de pratique. C'est mon rôle à moi, de joindre les deux, la pratique et ce qui est issu de mon enquête, de mon regard scientifique, et d'en faire quelque chose d'unique.

- Penses-tu que ton travail de recherche est un acte militant ?

Non je ne crois pas que ça soit un acte militant. C'est une façon de poser un regard critique sur un phénomène qui nous entoure. Certes, un phénomène qui, à certains égards, ne devrait pas avoir sa place dans

2002

Diane Roman,
Le Droit public face à la pauvreté, thèse de droit public, Université Panthéon-Sorbonne, Paris.

des sociétés riches comme les nôtres, mais qui est là et que nous tentons d'expliquer. J'espère toutefois que les petits arguments, éclairages, contributions que j'apporte serviront aux militants ensuite. Mais mon travail à moi, non, il ne me semble pas que ce soit un acte militant.

- « Ces capacités – la pensée critique ; la capacité à dépasser les intérêts locaux pour affronter les problèmes mondiaux en "citoyen du monde" ; enfin la capacité à imaginer avec empathie les difficultés d'autrui – dépendent de l'étude des humanités et des arts. » Cette citation, empruntée à la philosophe Martha Hussbaum dans son ouvrage *Les Émotions démocratiques* (2011), est-elle pour toi juste ? Que voudrais-tu ajouter ou discuter ?

Est-ce que seules les humanités (et éventuellement les arts) détiennent le monopole du développement de ces capacités et / ou de la pensée critique. J'espère que non. J'espère que le chercheur en études nucléaires est en mesure d'adopter une pensée critique, tant sur le développement de ses produits que sur l'impact que la création de ces derniers aura. La pensée critique, c'est quelque chose qui dépasse les humanités et l'art. Du moins, je l'espère. Emmanuel Kant ne disait-il justement pas que c'était un impératif moral, que d'oser penser par soi-même. Ses impératifs catégoriques le suggéraient. J'aime croire que ces impératifs appartiennent aux humains et non pas aux humanités.

Laurence Avogadro,
La Santé et le recours aux soins des « sans domicile fixe » à Paris, thèse de sociologie, Université Toulouse 2, Toulouse.

Shirley Roy
sociologue, professeur titulaire, UQAM-CRI, Québec, Canada

- En quoi les démarches que tu déploies pour interroger la réalité sociale du sans-abrisme ou pour répondre à une commande institutionnelle sur cette question font-elles sens pour toi dans ton travail de chercheure ?

Un élément important, voire essentiel, dans ma vie est une implication sociale visant à contribuer aux changements sociaux dans la perspective de la lutte contre les inégalités sociales. Cela peut prendre diverses formes et cela a pris, à différentes étapes de ma vie, des formes variées. Depuis plus de vingt ans, je consacre l'essentiel de mon temps à la recherche et surtout la recherche partenariale avec les milieux de pratiques (institutionnels et communautaires). Ce choix, loin d'être le fruit du hasard, se veut une autre forme d'implication sociale : travailler à produire de la connaissance qui émane de la demande des milieux et qui sert à les alimenter dans leur réflexion sur la question de l'itinérance. Que ce soit au niveau du contenu ou de la démarche méthodologique, ce que je fais en recherche, en donnant la parole aux personnes à la rue, aux intervenants, aux gestionnaires ou en mettant à jour des mécanismes subtils et complexes d'exclusion sociale, prend le sens d'une véritable implication sociale.

- Comment envisages-tu ou construis-tu des ponts entre les différentes sources de savoirs scientifiques et pratiques, ou encore entre ta production de recherche et d'autres formats de connaissance ?

Le travail de recherche que j'ai mené au cours des années a été centré sur l'articulation entre différentes sources de savoir : le savoir savant, le savoir professionnel et le savoir ordinaire. Le travail partenarial a comme projet d'arrimer des points de vue provenant de différentes disciplines et de différents types de milieu. Ces savoirs ont des caractéristiques proches mais distinctes et ils nécessitent des compétences spécifiques. Chercher à les articuler, à les penser dans leur complémentarité, n'est pas évident et cela demande continuellement créativité et inventivité. J'avoue qu'à part quelques recherches, où j'ai expérimenté avec de jeunes chercheurs des formes de production de connaissances telles que le théâtre ou le cirque, ou encore des modalités de restitution plus dynamiques s'inspirant de jeux de rôles, l'essentiel de mon travail de chercheure s'est limité à des modalités assez classiques de production du savoir. Trop classique

2005

Les pairs de la politique danoise de prévention du sans-logisme, *Mesure du sans-abrisme à l'échelle européenne*, rapport d'évaluation, Commission européenne.

peut-être ! J'ai plutôt mobilisé mes compétences au niveau de la démarche et des méthodologies les plus maîtrisées. De belles occasions ratées de renouveler la production de connaissances, peut-être ?

- Penses-tu que ton travail de recherche est un acte militant ?

Je dirais plutôt que mon travail de recherche est un acte engagé. Engagé socialement, engagé envers certaines questions sociales fondamentales et certaines situations qu'il faut dénoncer ou combattre (la pauvreté, la misère, les inégalités), engagé envers certains milieux qui luttent dans ce sens. Je ne dirais pas « militant ». Le mot « militant » a quelque chose qui renvoie au prosélytisme, à la dénonciation forte dans l'espace public. Militer vise à convaincre du bien-fondé de notre position. Pour convaincre, les stratégies choisies, les contenus mobilisés peuvent se permettre des raccourcis, des demi-ombres ; les formules doivent être efficaces, les actions fortes, car c'est l'efficacité de cette action en vue d'un changement qui est visée. Le travail engagé du chercheur est différent, il est plus discret, davantage dans l'ombre. Il alimente la connaissance liée au contenu de certaines dimensions du phénomène, des mesures mises en œuvre, de l'action déployée, des politiques mises en place, etc. Mon travail de chercheur est d'alimenter ce savoir, de le rendre disponible aux milieux (scientifique, politique, communautaire, militant), de travailler à sa traduction et à sa restitution. Il ne se situe pas sur le devant de la scène militante mais derrière. Les militants dont c'est le projet principal et le métier ont toutes les compétences pour cela. Dans le travail de recherche-action que j'ai mené au cours de ma carrière de chercheure, j'ai toujours pensé que l'élément le plus important est le trait d'union entre les deux mots : recherche et action qui nécessitent compétences et ouverture, mais celles-ci sont de nature différente. Le trait d'union, c'est le relais entre la recherche et l'action, relais qui se pense dans la continuité, mais aussi dans la spécificité de ces deux actes. Pendant une longue période de ma vie, je fus dans l'action sur le terrain, la dénonciation, la conviction, le militantisme ; maintenant, je suis dans la recherche, je contribue à produire du savoir, à le mettre en mot, à documenter un contenu pouvant alimenter la mobilisation. Pour moi, ce sont deux dimensions distinctes, mais complémentaires et essentielles au changement social que je souhaite.

- « Ces capacités – la pensée critique ; la capacité à dépasser les intérêts locaux pour affronter les problèmes mondiaux en "citoyen du monde" ; enfin la capacité à imaginer avec empathie les difficultés d'autrui – dépendent de

Distribution de tentes aux sans-abri à Paris durant l'hiver. Médecins du monde.

l'étude des humanités et des arts. » Cette citation, empruntée à la philosophe Martha Hussbaum dans son ouvrage *Les Émotions démocratiques* (2011), est-elle pour toi juste ? Que voudrais-tu ajouter ou discuter ?

Pour être très franche, cette citation ne m'inspire pas vraiment. Encore faudrait-il s'entendre sur ce que sont les humanités. En français, si on se fie au dictionnaire, « *humanités*: étude des langues et des littératures latines et grecques » ; si tel est le cas, la pertinence est loin d'être au rendez-vous. Et s'il s'agit ici de l'anglicisme *Humanities* dans le sens des sciences humaines et sociales, on ne peut qu'être d'accord avec la nécessité, pour comprendre l'autre et développer une pensée critique, d'aborder ces questions à travers les sciences du social. Quant à l'idée de citoyen du monde cela constitue une image forte, mais pour moi cela reste une image. Il est évident que la compréhension de ce qui influence et détermine les questions sociales aujourd'hui nécessite de sortir du local et de prendre en compte les conditions et les effets outre frontières et outre territoires. Cela nécessite aussi de saisir en quoi et comment la mondialisation a des conséquences sur des phénomènes d'ici. Mais que signifie être citoyen du monde devant le constat de si grandes différences entre les mondes ? Ne pas défendre une position exclusivement ethnocentriste, être sensible, voire ouvert aux différences, apprécier les cultures autres que la sienne ne fait pas de soi un citoyen du monde. Si le terme « citoyen du monde » est l'envers de la fermeture et du nombrilisme nationaliste, d'accord. Mais, si être citoyen signifie une commune appartenance, une action ouverte et démocratique, une compréhension des enjeux et des réalités de l'Autre, une réelle participation et mobilisation au devenir de l'Autre, alors je crois qu'on est bien loin d'être des citoyens du monde même si nous sommes, certes, par rapport à d'autres périodes historiques davantage sensibles au monde ; les technologies nous ont ouverts sur le monde, réussiront-elles à faire que nous en devenions de véritables citoyens ? Rien n'est gagné de ce côté.

2006

Fleurieu-Chambaud, *L'Hébergement des sans-abri à Paris*, rapport d'expertise, ministère délégué à la Cohésion Sociale et à la Parité.

Élodie Jouve
ethnologue, chercheure-associée, Centre Max Weber (UMR 5283), Université de Lyon / Saint-Étienne

- En quoi les démarches que tu déploies pour interroger la réalité sociale du sans-abrisme ou pour répondre à une commande institutionnelle sur cette question font-elles sens pour toi dans ton travail de chercheure ?

C'est un sujet sensible et un terrain sensible (socio-politiquement, humainement) qui enseigne, parfois violemment, des sortes de fondamentaux que je n'aurais certainement pas appris ailleurs, ou du moins pas aussi intimement. Par intimement, je veux dire de manière aussi certaine, entière, à moi, sans même réaliser que cet apprentissage était en cours (et il l'est toujours j'espère !). Travailler sur les expériences vécues des personnes « à la rue » permet d'acquérir une certaine indépendance, nécessaire pour travailler sur un terrain aussi insaisissable et soumis à tant de représentations, d'intérêts, que l'art du décalage (de la commande par exemple) doit être pratiqué après plusieurs déconvenues. Cela enseigne aussi l'importance d'emprunter des chemins de traverse, voire des impasses, au cours de la recherche pour accéder à certaines connaissances.

- Comment envisages-tu ou construis-tu des ponts entre les différentes sources de savoirs scientifiques et pratiques, ou encore entre ta production de recherche et d'autres formats de connaissance ?

La construction de ponts s'élabore d'elle-même, peut-être même dans une totale candeur en ce qui concerne le chercheur. Du moins dans un premier temps... Pourquoi travailler sur cet objet, comment le travaille-t-on, quelles sont nos références (personnelles, littéraires, politiques) ? Tout cela coexiste et chemine dans l'esprit de chacun, et ne concerne pas seulement la recherche. Puis il y a ce qu'on ambitionne, les ponts que l'on a envie d'initier. Pour moi, ils seraient du côté de l'anthropologie visuelle, en raison de ma formation antérieure. Mais cela nécessite beaucoup de temps, d'investissement, de précautions, d'idées et une certaine confiance en soi. Les chercheurs s'autorisent finalement assez peu de sorties de route pour aller voir ailleurs.

Lionel Thelen,
L'Exil de soi. Sans-abri d'ici et d'ailleurs, thèse de sociologie, Université libre de Bruxelles, Bruxelles.

- Penses-tu que ton travail de recherche est un acte militant ?

Je n'espère pas. Engagé oui, comme tout travail de recherche, je crois. Engagé auprès des personnes que l'on côtoie, engagé dans leur quotidien, engagé dans leurs propres engagements pour mieux les saisir, engagé tout simplement par la relation ethnographique. Mais militant, je ne voudrais pas. Peut-être le serait-il pour d'autres, et cela serait gênant parce que je ne milite pas, je tente de comprendre ce qui se passe pour les personnes. Si cela semble militant, c'est peut-être alors parce que ce qui se passe en appellerait à un acte militant.

- « Ces capacités – la pensée critique ; la capacité à dépasser les intérêts locaux pour affronter les problèmes mondiaux en "citoyen du monde" ; enfin la capacité à imaginer avec empathie les difficultés d'autrui – dépendent de l'étude des humanités et des arts. » Cette citation, empruntée à la philosophe Martha Hussbaum dans son ouvrage *Les Émotions démocratiques* (2011), est-elle pour toi juste ? Que voudrais-tu ajouter ou discuter ?

Même si elle m'est agréable à lire, je ne crois pas que cette citation soit pleinement juste (dans tous les sens du terme) car il lui manque une nuance essentielle pour moi : « dépendent en partie de l'étude des humanités et des arts ». Cette citation me semble faire l'impasse sur l'aspect fortement situé, historiquement et culturellement, des connaissances et de leur construction ce qui peut conduire à leur variabilité. À un autre niveau, cette citation ne rend pas justice à ceux qui n'ont que faire de l'étude des humanités et des arts et qui pourtant ont ces capacités. On peut considérer qu'ils ont récupéré deci-delà les connaissances, parce qu'elles ont influé sur les pensées de chacun, flottant dans l'air du temps. Mais cela nous rappelle aussi que la pensée critique, l'empathie et la capacité à voir au-delà de soi sont parties liées à l'expérience vécue de chacun et à sa manière de lui donner un sens. Ces capacités se situeraient au croisement de l'expérience vécue et de certaines dispositions des individus. L'étude des humanités et des arts ferait office d'approfondissement possible de ces capacités en les affinant, en les aiguisant et en leur donnant une valeur. Parce qu'il n'est pas toujours valorisé d'être empathique ou d'avoir une pensée critique, ce qui peut inciter les individus à minimiser ces capacités, au profit d'autres, plus guerrières et finalement plus consensuelles. L'étude des humanités et des arts replace ces valeurs au centre.

2007

Premières expérimentations autour du Revenu de solidarité active (RSA).

Loi du 5 mars instituant le droit au logement opposable (DALO).

Vulnérabilité

Notion désignant un ensemble de situations et processus, individuels et collectifs liés à la nature des rapports sociaux dans nos sociétés contemporaines. Elle qualifie les processus dynamiques de fragilisation des rapports sociaux dans les sociétés salariales[1] autant que les étapes de la vie liées aux caractéristiques individuelles (handicap), environnementales (famille dysfonctionnelle) ou économiques (manque de ressources)[2]. La vulnérabilité peut être vue comme une insécurité sociale, mais aussi symbolique et éthique. Elle prend la forme d'une injonction individuelle à se réaliser, être autonome et responsable de son succès ou de son échec. Liée à la décollectivatisation des supports sociaux, elle se présente comme une fragilisation des groupes ou des personnes en situation de non-intégration ou d'exclusion. Elle renvoie à l'incertitude caractérisant nos sociétés contemporaines, à la constante adaptation à une normativité changeante ainsi qu'aux inégalités sociales. La vulnérabilité ramène le focus sur les rapports sociaux, s'éloignant ainsi des catégories désignant les plus faibles et les plus démunis de nos sociétés[3]. La notion de « vulnérabilité narrative » proposée par Pascale Pichon[4], prolonge le travail d'interprétation des récits de vie des personnes sans domicile et indique combien la narration de soi est soumise aux contraintes de la survie et comment elle se redéploie dans les moments de ressaisissement de soi, ou encore dans le processus de sortie de la rue. La vulnérabilité narrative articule les petites histoires des cartons de la manche à l'histoire des malheurs et encore à l'histoire autobiographique coproduite avec le sociologue. La vulnérabilité narrative invite ainsi à penser l'identité en lien avec l'agir humain, à toutes les actions réalisées pour tenter de s'en sortir. Elle réintroduit l'importance des conditions de possibilités offertes par la société pour choisir et agir librement.

1. Robert Castel, « De l'exclusion comme état à la vulnérabilité comme processus », Joëlle Affichard et Jean-Baptiste De Foucauld (s.l.d.), *Justice sociale et Inégalités*, Paris, Seuil, 1992, pp. 135-148.

2. Nadine Bolduc et Michèle Clément, « Regards croisés sur la vulnérabilité : le politique, le scientifique et l'identitaire », Francine Saillant, Michèle Clément et Charles Gaucher (s.l.d.), *Identités, vulnérabilités, communautés*, Québec, Nota Bene, 2004.

3. Vivianne Châtel et Shirley Roy (s.l.d.), *Penser la vulnérabilité. Figures de la fragilisation du social*, Montréal, PUQ, 2008.

4. Pascale Pichon, « Vulnérabilité narrative et écritures biographiques. L'expérience commune des personnes sans domicile fixe », conférence prononcée au colloque international *Un Siècle de santé sociale : formes et traitements des vulnérabilités (1880-2010)*, Lyon, 17 novembre 2011.

Christophe Blanchard
sociologue, doctorant, laboratoire ETE, Université Évry Val-d'Essonne

- En quoi les démarches que tu déploies (ou a déployées) pour interroger la réalité sociale du sans-abrisme ou pour répondre à une commande institutionnelle sur cette question font-elles sens pour toi dans ton travail de chercheur ?

En ce qui me concerne, je trouve important que la recherche sociologique puisse être éventuellement envisagée de manière moins théorique et plus opérationnelle qu'elle ne l'est trop souvent. Il me semble en effet que trop souvent encore, dans les disciplines qui sont les nôtres, les chercheurs se drapent dans des analyses tellement hermétiques qu'elles en deviennent suspectes. La complexité n'est pas forcément gage de qualité, bien au contraire. Il me semble que les sciences dites « dures » ne s'embarrassent pas, quant à elles, de ce genre de réserve.

Je pense que l'analyse du sociologue doit non seulement servir à éclairer ses pairs, qui disposent par ailleurs d'un certain nombre d'outils conceptuels pour appréhender la démarche du chercheur, mais également offrir aux commanditaires, voire aux enquêtés, une grille de lecture adaptée à leurs interrogations. Je suis convaincu que le chercheur en sciences humaines et sociales doit demeurer un passeur (certains diraient « vulgarisateur »), car l'ambition de toute recherche scientifique reste la connaissance et son accès au plus grand nombre un objectif à atteindre.

- Comment envisages-tu ou construis-tu des ponts entre les différentes sources de savoirs scientifiques et pratiques, ou encore entre ta production de recherche et d'autres formats de connaissance ?

Si la sociologie et la cynotechnie n'ont *a priori* rien en commun, il n'en demeure pas moins vrai que ces deux compétences ont donné énormément de sens à mes recherches universitaires. En effet, l'une a nourri l'autre et *vice versa*. Mes travaux sociologiques sur les propriétaires de chiens (qu'ils soient militaires, policiers, douaniers ou sans abri) s'expliquent d'ailleurs en grande partie par le biais de mon expérience de maître-chien dans l'armée.

2007

Conférence de consensus, *Sortir de la rue. Les Sans-abri*, sous l'égide de Christine Boutin, ministre du Logement et de la Ville, Paris.

Par ailleurs, dans la plupart de mes enquêtes portant sur le binôme homme / chien, cette double compétence s'est toujours révélée être un atout méthodologique précieux. En effet, dans mon interaction avec l'autre, je fais de l'animal un médiateur entre moi et mes informateurs. Ainsi, plutôt que de me présenter immédiatement comme sociologue, c'est-à-dire un sachant investiguant le quotidien de simples objets sociaux que constitueraient mes informateurs, je procède à la mise en forme d'un langage commun qui nous permet de nous apprivoiser, eux et moi. L'animal nous sert de grammaire commune pour ce dialogue. L'avantage de ce médiateur animal, *a priori* neutre (mais qui ne l'est pas du tout en réalité), reste qu'il permet de casser la dynamique traditionnelle du chercheur surplombant son informateur. En m'appuyant sur l'animal, j'ai l'impression de rétablir un certain équilibre entre moi et les enquêtés.

Sur tous les terrains sur lesquels j'ai été amené à travailler ce procédé, « cette ficelle du métier », dirait Howard Becker s'est toujours avérée efficace. Par ailleurs, il a permis à mes informateurs de n'être plus considérés uniquement comme des objets sociaux mais aussi comme des acteurs actifs, conscients et capables de valoriser leurs propres potentialités.

- Penses-tu que ton travail de recherche est un acte militant ?

Tout dépend ce que l'on entend par « militer ». Si s'engager dans une démarche en sciences, fussent-elles sociales, afin de faire apparaître des réalités dérangeantes, alors ma démarche est militante. Toutefois, j'y vois plus une conséquence de mon travail que son moteur. Le militantisme ne nourrit pas mes travaux car il obscurcirait sinon mon travail. Lorsque j'affirme que les maîtres de chiens en situation d'exclusion sont des propriétaires à part entière je sais que je vais provoquer un certain nombre de réactions, parfois hostiles, directement liées au renversement que j'opère dans la distribution des catégories en vigueur. Peut-on dire que je milite pour autant ? Disons que je rééquilibre la réalité en allégeant mes informateurs du fardeau idéologique qui induirait que ces maîtres ne sont que des propriétaires au rabais.

- « Ces capacités – la pensée critique ; la capacité à dépasser les intérêts locaux pour affronter les problèmes mondiaux en "citoyen du monde" ; enfin la capacité à imaginer avec empathie les difficultés d'autrui – dépendent de

Première Journée scientifique de l'Observatoire du Samu social de Paris, *Conditions de vie dans la rue : santé, intimité, hébergement. Le Dispositif d'aide : du particulier au politique*, Paris, 18 décembre.

Florence Bouillon,
Les Mondes du squat. Productions d'un habitat illégal et compétences des citadins disqualifiés. Le terrain marseillais, thèse d'ethnologie, EHESS, Marseille.

l'étude des humanités et des arts. » Cette citation, empruntée à la philosophe Martha Hussbaum dans son ouvrage *Les Émotions démocratiques* (2011), est-elle pour toi juste ? Que voudrais-tu ajouter ou discuter ?

Oui, elle est juste, mais elle est également assez théorique. Actuellement, la pensée critique issue de l'étude des humanités et des arts ne me semble plus être une prérogative du monde universitaire (français). Celui-ci est en effet sclérosé par un monolithisme administratif et institutionnel qui bride en partie le dynamisme de cette pensée critique dont elle devrait accoucher. En son sein, si les jeunes chercheurs ne veulent pas risquer de se mettre à dos l'institution qui fait et défait les carrières, mieux vaut d'ailleurs qu'ils ne se prêtent pas au petit jeu de l'analyse critique des dysfonctionnements de celle-ci. L'université enseigne les humanités et incite les chercheurs en formation à utiliser les outils pour la décrypter, pour éventuellement la critiquer, mais elle refuse d'être soumise en contrepartie à ses propres contradictions.

2007

Stéphane Rullac,
Le Débat juridique français concernant le vagabondage et la mendicité depuis 1992. Ethnologie d'un compromis identitaire négocié entre assistance et punition, thèse d'ethnologie, EHESS, Paris.

Édouard Gardella
sociologue, doctorant, ISP, ENS Cachan

- En quoi les démarches que tu déploies pour interroger le travail des praticiens face aux situations de grandes vulnérabilités économiques, sociales et psychiques ou que tu mets en œuvre pour répondre à une commande institutionnelle font-elles sens pour toi dans ton travail de chercheur ?

La façon dont j'interroge les politiques conduites depuis trente ans en France en direction des personnes sans abri, et en particulier l'urgence sociale, s'inscrit dans une démarche qui se veut d'abord compréhensive, avant d'être explicative puis critique. L'urgence sociale, qui a constitué le modèle dominant de l'assistance des SDF depuis les années 1980, a connu un grand nombre de critiques, tant académiques que politiques ou associatives. Elle est actuellement remise en cause par les réformes actuelles autour du Logement d'abord, qui s'inscrivent à la suite des contestations militantes qui ont lieu depuis 2005. Mon interrogation est donc inactuelle, elle va à contre-courant du mouvement dominant. Prenant un peu de distance avec le consensus qui règne aujourd'hui, j'essaye de mesurer la signification et la portée historique de l'urgence sociale.

Il ne s'agit pas d'avoir un propos normatif, en justifiant telle ou telle politique. Il s'agit de rendre compte de l'émergence, du fonctionnement, du sens et des conséquences d'une façon d'aider les personnes à la rue qui s'est historiquement développée. Cela implique plusieurs stratégies de recherche.

- Aller observer, *in situ*, par des outils ethnographiques, la façon dont les intervenants sociaux font leur travail auprès des personnes sans-abri, dans les équipes mobiles, les accueils de jour, les centres d'hébergement et au 115[1].
- Suivre, sans les endosser, les discours et les actions qui remettent en cause l'urgence sociale, et qui tentent de la réformer : j'ai ainsi conduit une observation ethnographique de la Délégation interministérielle à l'hébergement et au logement (DIHAL), dirigé par le préfet Alain Régnier, au printemps 2010, pendant que la réforme commençait à se mettre en place.
- Faire retour sur l'histoire de l'urgence sociale : elle semble aujourd'hui peu compréhensible, un large consensus s'étant fait contre elle. Une question de recherche se pose alors : si elle est aussi peu adaptée au problème du sans-abrisme, comment a-t-elle pu émerger et s'installer aussi durablement comme politique sociale ? C'est ainsi que je travaille aussi sur des archives des services centraux de l'État, et que j'ai interrogé des anciens acteurs, qui ont vu l'installation de l'urgence sociale au début des années 1990.

1 Le dispositif téléphonique d'appel pour les personnes qui recherchent un hébergement chaque soir.

Ces diverses stratégies de recherche me paraissent nécessaires pour comprendre le sens qu'une politique sociale peut recouvrer, pour ses acteurs et au regard de l'histoire. C'est seulement ensuite que je peux identifier ce que je cherche à expliquer. C'est également uniquement à partir d'une compréhension fine, poussée le plus loin possible, qu'une critique pourra être armée. Mais c'est une critique qui se veut interne, qui ne se contente pas de montrer les limites des catégories utilisées, mais qui, au contraire, entre pleinement dans ces catégories, pour donner à voir les contradictions existantes au sein du cadre posé.

- Comment envisages-tu ou construis-tu des ponts entre les différentes sources de savoirs scientifiques et pratiques, ou encore entre ta production de recherche et d'autres formats de connaissance ?

Je m'inscris dans une tradition de pensée, qu'on qualifie de « pragmatiste » ou « interactionniste », selon laquelle il n'y a pas de différence de nature entre la connaissance scientifique et la connaissance pratique. La connaissance compréhensive que je construis en tant que chercheur s'appuie sur la connaissance pratique des acteurs. En tant que scientifique, j'essaye alors, non pas de dévoiler des problèmes que les acteurs ne sauraient ou ne voudraient voir, mais de clarifier leurs pratiques et leurs contradictions. C'est ainsi que le principe même de faire des ponts entre ma production de recherche et les savoirs pratiques des acteurs me paraît non seulement souhaitable, mais surtout consubstantiel à ma démarche.

Cela ne signifie pas que j'y parvienne autant que je le souhaiterais. Mes expériences de collaboration ne sont pas si nombreuses, et restent finalement assez classiques, prises dans un rôle d'expertise. J'ai ainsi fait une étude statistique sur la question de la mise à l'abri sous contrainte pour le compte de la DIHAL. Je fais des interventions dans le cadre de formations d'intervenants sociaux, en m'appuyant sur mes recherches en cours. J'ai également animé un atelier, organisé par la DIHAL sur la question des publics spécifiques accueillis dans les dispositifs d'urgence sociale.

Je dois dire qu'à chaque fois, j'ai eu le sentiment que j'apprenais plus des retours que les acteurs faisaient à ce que je leur proposais, qu'ils n'ont dû apprendre de choses de ma part. En tout cas, je conçois ces moments comme la poursuite de mes enquêtes mais par d'autres moyens. Par rapport à des entretiens ou des observations, et plus encore par rapport à des analyses de questionnaires déjà remplis, ce sont des moments plus expérimentaux, au sens où ce que je propose prend le statut d'hypothèses, qui parlent ou non à mes interlocuteurs. C'est ainsi que j'établis quelques passerelles entre les savoirs pratiques et mes connaissances scientifiques.

2008

Loi du 1er décembre généralisant le Revenu de solidarité active (RSA).

Circulaire du Premier ministre initiant la mise en œuvre du Grand Chantier prioritaire 2008-2012 pour l'hébergement et le logement des personnes sans abri et mal logées

Je suis cependant allé un peu plus loin dans l'établissement de ces passerelles. J'ai participé, et je participe encore dans la mesure du possible, à l'organisation d'un groupe de réflexion de travailleurs sociaux. Leur démarche a, pour le moment, un double objectif : conduire une analyse de la pratique, en recueillant l'avis d'autres professionnels sur des cas difficiles qu'ils rencontrent dans leur quotidien ; témoigner des contradictions qu'ils vivent sur le terrain à partir d'études de cas, et faire remonter ces critiques, documentées et argumentées, auprès des pouvoirs publics. Le rôle qu'on m'a demandé de jouer s'inscrit plutôt dans le second objectif : c'est un rôle à la fois d'information (lié à mon passage à la DIHAL) mais aussi un rôle d'écriture. La capacité de mise en forme écrite, c'est-à-dire grammaticalement correcte, argumentée mais aussi interprétée, est très attendue de la part de certains professionnels engagés. Le risque est de se transformer en porte-plume, voire en porte-parole de certains acteurs, au détriment d'autres. En l'absence d'écrit encore formalisé, je ne peux cependant rien en dire de plus. Mais je ne vois pas tellement ce rôle comme militant, mais plutôt comme un moment particulier pris dans un mouvement plus vaste de circulation au sein de quelques mondes composant l'assistance aux personnes sans abri. Si la chance du chercheur est d'avoir le temps, à la différence des acteurs, d'adopter une multiplicité de points de vue, sans jamais atteindre un point de vue objectif et surplombant, alors multiplier les engagements de ce type permet d'entrer dans la pluralité des perspectives qui composent tout monde social. C'est aussi un moyen efficace de ne pas chercher à écraser cette pluralité, mais au contraire de la travailler.

Mais ma courte expérience de recherche me fait comprendre qu'une démarcation entre savoirs pratiques et connaissances scientifiques est aussi, par moment, nécessaire. La production de connaissances passe par l'épreuve de l'écriture, c'est par elle que je découvre finalement ce que j'ai trouvé. Cette épreuve demande du temps, doublement : elle nécessite un temps continu, et parvenir à trouver ce temps continu prend du temps. Or conserver un lien continu avec les savoirs pratiques, sans cesse fluctuants, traversés qu'ils sont par de nombreuses dynamiques (l'actualité politique, les cas singuliers des personnes sans abri rencontrées, les relations hiérarchiques au sein d'une organisation etc.), m'a souvent entraîné dans un temps court et discontinu. Les savoirs pratiques et la connaissance scientifique ne s'inscrivent pas dans les mêmes temporalités. C'est cette tension, entre continuité entre savoirs pratiques et connaissances scientifiques, et désynchronisation de ces deux types d'activités, qui rend difficile l'établissement et la consolidation de ces passerelles.

Nomination du préfet Alain Régnier pour piloter le Grand Chantier prioritaire 2008-2012 pour l'hébergement et le logement des personnes sans abri et mal logées. Lancement de la Politique d'humanisation des centres d'hébergement.

2008

- Penses-tu que ton travail de recherche est un acte militant ?

Je ne crois pas, au sens où je ne défends aucune cause particulière. Mes travaux pourront peut-être faire l'objet d'usages militants, mais je ne m'inscris pas du tout dans une dynamique de lutte. En revanche, j'ai le sentiment que plus je travaille sur la question de l'urgence sociale, plus je suis tiraillé entre des positions normatives et des postures de recherche.

Au début de mes travaux, je n'avais que très peu le sentiment d'avoir des positions politiques claires. Je prenais finalement autant de plaisir à faire du terrain et de la sociologie, qu'à travailler sur le sans-abrisme. Il y avait dans ma démarche autant, voire plus, de considérations méthodologiques et épistémologiques, qu'un intérêt pour le sujet lui-même. Le choix du sans-abrisme était lié à plusieurs facteurs (socialisation familiale, lectures), mais absolument pas à un désir de lutter pour améliorer la situation.

C'est à mesure que j'approfondis ma compréhension de l'urgence sociale, que des sentiments politiques relativement forts émergent. La prise au sérieux d'un principe central dans la culture de l'urgence sociale, l'inconditionnalité de l'accueil, et la mesure de sa dimension inédite à l'échelle de l'histoire (l'État aide des « indigents valides », pour reprendre une expression du XIXe siècle, sans conditions et sans contrepartie), ont un effet sur mes convictions morales et politiques : ce principe me travaille de l'intérieur, autant en tant que chercheur qu'en tant que citoyen. Comment une aide inconditionnelle peut-elle être justifiée ? Sous quelle forme peut-elle être effectuée ? Sur quoi porte l'aide inconditionnelle ? À partir de quel moment la conditionnalité de l'aide sociale réapparaît ?

Ces questions relèvent encore d'une démarche de recherche. Mais d'autres interrogations, plus normatives, suivent : comment élargir le cercle de l'aide inconditionnelle ? Serait-il possible d'imaginer un accès inconditionnel au logement ? Ne serait-il finalement pas plus juste que le logement ne soit pas considéré comme un bien comme les autres, et qu'il fasse l'objet de politiques spécifiques, au même titre que la santé ? C'est là que mes interrogations de recherche fusionnent avec des intérêts normatifs et politiques.

C'est donc à mesure que je travaille sur mon objet, que celui-ci me travaille, que des convictions proprement normatives émergent et s'installent, alimentant en retour des questions de recherche. Je dirais alors que ma recherche pourrait devenir de plus en plus impliquée, sans pour autant relever du militantisme.

- « Ces capacités – la pensée critique ; la capacité à dépasser les intérêts locaux pour affronter les problèmes mondiaux en "citoyen du monde" ; enfin la capacité à imaginer avec empathie les difficultés d'autrui – dépendent de

2008

Robert Pinte,
L'Hébergement d'urgence et l'accès au logement des personnes sans abri et mal logées, rapport remis au Premier ministre.

Circulaire relative à la création des Maisons-relais.

l'étude des humanités et des arts. » Cette citation, empruntée à la philosophe Martha Hussbaum dans son ouvrage *Les Émotions démocratiques* (2011), est-elle pour toi juste ? Que voudrais-tu ajouter ou discuter ?

La question de la continuité entre l'attitude que j'adopte quand je conduis mes recherches, et le comportement que je peux avoir dans la vie quotidienne, est pour moi constante. Est-ce que je peux être tout le temps sociologue, et en particulier sociologue compréhensif ? Plus globalement, est-ce que l'apport ultime des sciences humaines ne serait pas de développer toujours plus les capacités éthiques d'écoute, d'attention, de sympathie, d'empathie, pour parvenir à effectuer les actions les plus justes, en termes de justice et de justesse ? En un mot, est-ce que la sociologie peut constituer le support d'une éthique ?

J'ai la naïveté de le croire, et c'est en tout cas l'un des sens que je trouve dans la recherche en sciences humaines. Certes, je n'ai aucune preuve d'un lien ferme existant entre pratiquer la sociologie et adopter un comportement juste, dans la mesure où des personnes qui ne pratiquent pas les sciences humaines ou les arts peuvent avoir à mes yeux des attitudes justes, tandis que des artistes ou des sociologues, moi le premier, soi-disant réflexifs, peuvent avoir des pratiques d'un individualisme forcené où ni le sens critique, ni l'empathie ne paraissent avoir leur place. Malgré ces contre-exemples, je partage effectivement la croyance énoncée par Martha Nussbaum. Je crois que pratiquer les sciences humaines peut favoriser la capacité à se décentrer, en comprenant sans cesse que tout individu ne se fait que dans l'interaction avec les autres.

Mais ce type de compréhension peut aussi aisément se retourner, surtout si nous sommes amenés à croire que nous, scientifiques, censés être réflexifs, comprendrions les situations sociales mieux que les autres... Le lien entre la pratique des sciences humaines et les capacités morales que désigne Nussbaum est en partie dépendant d'une posture épistémologique. Quel statut est accordé à la vérité des résultats sociologiques ? Si les sciences humaines sont censées constituer un savoir d'une autre nature que ce que peuvent en dire les acteurs, selon le principe de la rupture épistémologique, alors je ne vois pas comment l'empathie peut ne pas se transformer en forme de misérabilisme ou de paternalisme. En revanche, si le savoir scientifique se conçoit comme entrant en continuité avec le niveau de vérité et de réalité des discours des acteurs, et qu'il n'a de sens que par ses multiples usages, dans le monde scientifique comme en plein air, alors le sens critique et la capacité à appréhender un monde commun peuvent sans doute être favorisés par la pratique.

Circulaire relative à l'accélération des sorties vers le logement des personnes hébergées.

Yann Benoist, *Cancer et grande pauvreté : ethnologie de la Maison de Nanterre*, thèse d'ethnologie, Université Paris 5, Paris.

Marine Maurin
sociologue, doctorante, Centre Max Weber (UMR 5283), Université Lyon / Saint-Étienne

- En quoi les démarches que tu déploies pour interroger la réalité sociale du sans-abrisme ou pour répondre à une commande institutionnelle sur cette question font-elles sens pour toi dans ton travail de chercheure ?

Les différentes démarches que j'emploie pour interroger le sans-abrisme et en particulier le sans-abrisme féminin, s'inscrivent dans une démarche compréhensive de la réalité vécue des personnes. C'est notamment le côté sensible de l'expérience, ici de l'expérience extrême qui me semble importante à rendre visible. En effet, le sans-abrisme féminin reste un phénomène peu connu et peu visible bien qu'effectif. C'est notamment cette relative invisibilité qui semble importante à comprendre et finalement à rendre visible. Dans cette perspective, interroger la marge c'est finalement comprendre plus largement l'hospitalité de nos villes, les façons de vivre ensemble. En ce sens, connaître et comprendre ces réalités nous donne à voir quelle société se met en acte. Travailler sur le sans-abrisme, c'est donc une façon pour moi de comprendre plus largement dans quelle société nous vivons.

- Comment envisages-tu ou construis-tu des ponts entre les différentes sources de savoirs scientifiques et pratiques, ou encore entre ta production de recherche et d'autres formats de connaissance ?

Il me semble que la recherche en sociologie s'inspire bien évidemment de différents types de savoirs que l'on appelle souvent « profanes » ou « experts ». C'est à partir de ces savoirs que se construit une recherche à mon sens. Les ponts entre les savoirs pratiques et scientifiques peuvent donc se faire dans le processus même de recherche (à partir d'entretiens, d'observations, de réunions, etc.). Par exemple, la volonté de comprendre le sans-abrisme féminin nécessite en particulier une certaine proximité avec les personnes enquêtées. La connaissance se construit donc à partir des personnes elles-mêmes et de leur réalité vécue.

Les ponts entre les différentes sources de savoir peuvent également prendre place entre la production et / ou formats de connaissance. Toutefois, et c'est sûrement ce qui complique la tâche de la recherche, c'est dans le compte rendu que la place de ces différentes sources

2008

Élodie Jouve, *Les SDF face aux procédures d'assistance : l'apprentissage de la maîtrise de soi*, thèse d'ethnologie, Université Montpellier 3, Montpellier.

Terrains sensibles

L'idée de « terrains sensibles » est née du constat de ce que l'enquête ethnographique conduite sur des terrains caractérisés par l'illégalité, la stigmatisation ou la violence induisait un certain nombre de questionnements spécifiques. Cette notion réfère à la fois à des espaces (ghettos, squats, centres de rétention) et à des conditions sociales (sans-papiers, SDF, réfugiés) que les institutions traitent ou définissent comme déviantes. Le terme « sensible » recouvre dès lors une triple acception : les terrains sont sensibles en ce qu'ils sont porteurs de souffrance sociale, d'injustice, de domination. En second lieu, ils sont sensibles parce qu'ils impliquent de renoncer à un protocole d'enquête trop canonique, l'ethnographe devant ici mettre ses méthodes à l'épreuve pour inventer de nouvelles manières de faire. Les espaces enquêtés sont isolés, fermés, à la marge, et le caractère éphémère de certaines situations est susceptible de précipiter la recherche, ou de la clore. Le chercheur est alors pris dans une temporalité sur laquelle il n'a plus prise, face à des lieux qui peuvent se faire et se défaire à tout moment. En dernier lieu, ces terrains s'avèrent sensibles en ce qu'ils relèvent d'enjeux sociopolitiques cruciaux. La détresse des populations enquêtées, les tentatives d'instrumentalisation et les velléités d'engagement du chercheur le contraignent ainsi à s'interroger avec une acuité particulière sur l'implication qui est la sienne : on ne se retrouve jamais par hasard sur ces terrains qui s'inscrivent en réalité dans le fil d'une interrogation politique et d'un engagement citoyen plus anciens.

Tout terrain est par nature sensible : il n'y a pas de naturalité de l'enquête ethnographique qui rendrait sa réalisation évidente ici, et impossible là. Cela étant, les expériences évoquées dans l'ouvrage éponyme[1] présentent un ensemble de difficultés méthodologiques et épistémologiques qui leur sont propres, et qui peuvent se différencier en partie des problèmes que tout chercheur en sciences sociales rencontre, depuis le recueil des données jusqu'à leur interprétation et leur restitution.

1 Florence Bouillon, Marion Fresia et Virginie Tallio (s.l.d.), *Terrains sensibles. Expériences actuelles de l'anthropologie*, Paris, CEA / EHESS, 2005.

pose question. Ce sont des questions finalement que je pose et dont je n'ai pas les réponses. Certains chercheurs arrivent à faire de la co-production de connaissances mais ils ou elles sont peu nombreux.

- Penses-tu que ton travail de recherche est un acte militant ?

Si je commence une thèse sur la place des femmes sans domicile dans l'espace urbain, c'est une façon pour moi de m'engager, de prendre part à la cité. Mon parcours en sociologie est véritablement un engagement personnel car c'est une façon pour moi de m'exprimer sur des réalités peu visibles et qui méritent pourtant d'être posées dans l'espace public. Est-ce alors un acte militant ? Je me dirais engagée ou plutôt concernée par ce phénomène qui fait partie de notre société. Mais le terme de « militant » ne me va pas vraiment car je qne suis pas une porte-parole des personnes sans domicile, je cherche assez modestement à connaître et comprendre les réalités vécues.

La sociologie permet de prendre du temps pour comprendre certaines réalités et c'est dans cette perspective que je peux m'engager à comprendre le sans-abrisme. Bien que les conditions des femmes et en particulier des femmes sans domicile me touchent, je ne me sens pas militante pour autant. De plus, on peut se poser la question des impacts de notre propre travail sur la réalité (question d'ailleurs très importante, à travailler je pense).

- « Ces capacités – la pensée critique ; la capacité à dépasser les intérêts locaux pour affronter les problèmes mondiaux en "citoyen du monde" ; enfin la capacité à imaginer avec empathie les difficultés d'autrui – dépendent de l'étude des humanités et des arts. » Cette citation, empruntée à la philosophe Martha Hussbaum dans son ouvrage *Les Émotions démocratiques* (2011), est-elle pour toi juste ? Que voudrais-tu ajouter ou discuter ?

Cette citation marque un point important de la conception de l'éducation : il est évident, à mon sens, que la pensée critique se développe plus facilement à travers l'étude des humanités et des arts que par l'apprentissage de techniques liées à l'économie de marché par exemple. Toutefois, la pensée critique n'est pas réservée à un domaine de savoirs. Il me semble que cette question est à mettre en lien avec l'expérience de chacun(e) et ne se limite pas aux acquis de l'éducation formelle (école, université).

De plus, l'étude des arts ou des humanités n'engage pas forcément un regard critique et une capacité à comprendre l'autre bien qu'elle ait permis de mettre à jour des relations de pouvoir (sexe, classe, race, etc.) ; elle ne garantit pas l'égalité citoyenne et l'empathie. La capacité à se mettre à la place de l'autre est une construction assurément plus complexe.

2009

Déclaration du Parlement européen en vue de mettre fin à la situation des sans-abri dans la rue.

Circulaire pour la programmation des aides pour le logement et mise en œuvre du volet logement du Plan de relance.

Katia Choppin
sociologue, doctorante, CLERSÉ, Université Lille 1

- En quoi les démarches que tu déploies (ou a déployées) pour interroger la réalité sociale du sans-abrisme ou pour répondre à une commande institutionnelle sur cette question font-elles sens pour toi dans ton travail de chercheure ?

Les démarches que je déploie pour interroger la réalité sociale du sans-abrisme vont de pair avec ce que j'entends par « le travail du chercheur ». Ma démarche est centrée sur l'expérience et pour moi, le métier de chercheur rime avec métier d'expériences. C'est d'abord s'imprégner des expériences antérieures, donc s'appuyer sur les chercheurs expérimentés, accumuler des connaissances. C'est aussi faire le point, analyser mes propres expériences pour mesurer mon savoir-faire, mes capacités en termes de relations humaines. Et enfin, prendre en compte les expériences des autres et mes propres expériences pour poser, imaginer une question et l'intégrer dans une démarche faite de nouvelles expériences que je suis capable d'intégrer, d'analyser dans l'optique d'enrichir la recherche sur le sans-abrisme.

- Comment envisages-tu ou construis-tu des ponts entre les différentes sources de savoirs scientifiques et pratiques, ou encore entre ta production de recherche et d'autres formats de connaissance ?

En fait, je crois que je n'ai pas eu le choix, enfin je n'ai pas eu à y réfléchir. Ces ponts se sont un peu imposés à moi en tout cas pour ce qui concerne ma thèse. J'ai pu me lancer dans l'expérience de la thèse grâce à un financement de la part de la Fondation Armée du salut de Lille, de la Communauté urbaine de Lille (CUDL), de la Coordination mobile d'accueil et d'orientation (CMAO) et du 115. Le gage de ce financement était de mettre mes connaissances aux profits de ces différentes structures. Par exemple, j'ai dû apporter ma contribution à une Journée grands débats organisée par la CUDL en 2008, la CMAO m'a demandé de faire une étude sur son organisation et son fonctionnement ; j'ai également intégré un groupe nommé « Commission parcours homme » pour réfléchir à la mise en place d'une nouvelle forme d'accueil pour les personnes que la CMAO nommait « les chronicisées » et je me devais de représenter la Fondation Armée du salut à toutes les réunions institutionnelles de la métropole lilloise. Voilà ma place, une experte du système de prise en charge lillois (parce que considérée comme la seule à en avoir une vue d'ensemble) et surtout une personne-ressource, un outil mobilisable. Au début de ma thèse, les financeurs et autres attendaient mes conclusions avec impatience. Ma façon d'envisager les ponts entre source de savoirs scientifiques et pratiques a avant tout permis à ces différents acteurs de comprendre que je devais, à un moment donné, avoir le recul nécessaire pour produire une analyse pertinente du phénomène étudié.

- Penses-tu que ton travail de recherche est un acte militant ?

Travailler sur ce sujet répond davantage aux valeurs que je défends, notamment le respect des uns et des autres. J'ai beaucoup de mal à ignorer ce qui se passe autour de moi et il m'arrive d'en vouloir à ceux qui y parviennent. Leur attitude est selon moi irrespectueuse.

- « Ces capacités – la pensée critique ; la capacité à dépasser les intérêts locaux pour affronter les problèmes mondiaux en "citoyen du monde" ; enfin la capacité à imaginer avec empathie les difficultés d'autrui – dépendent de l'étude des humanités et des arts. » Cette citation, empruntée à la philosophe Martha Hussbaum dans son ouvrage *Les Émotions démocratiques* (2011), est-elle pour toi juste ? Que voudrais-tu ajouter ou discuter ?

Capacité à dépasser, capacité à imaginer et capacité à créer. Quand je réfléchis à l'évolution de ma façon de penser ma thèse, je me rends compte qu'au départ, je ne savais pas ce que j'allais faire, je ne savais pas vers quoi je voulais me diriger. Aujourd'hui, je n'ai pas terminé ma thèse, mais c'est comme si, parce que j'ai l'impression qu'elle est en moi, une sensation que je n'avais pas auparavant, j'ai créé quelque chose. Alors, la création c'est aussi une capacité qui dépend de l'étude des humanités et des arts. À distinguer de l'imagination, on n'est plus dans le rêve, on est dans le faire.

2009

Julien Damon,
Les Politiques de prise en charge des sans-abri dans l'Union européenne, rapport, ministère de l'Écologie, du Développement durable, des Transports et du Logement.

Habitat précaire

Expression qui rend compte de la diversité des types de lieux d'habitations possibles qui relèvent de l'expérience de la vie à la rue[1]. Ce concept, basé sur l'approche ethnographique, peut s'apparenter à tout un ensemble de travaux statistiques qui cherchent à classifier les différentes formes d'habitats[2]. Il ne se limite pas à la survie de nuit mais également à celle de jour et il comprend deux formes d'habitats précaires : l'abri précaire et l'hébergement social. La première entrée est souvent traduite par « abri de fortune » par les experts en statistique. Dans ce cadre, on distingue les lieux privés (cave, usine, voiture, cage d'escalier), l'espace public et les lieux fermés (station de métro, gare, centre commercial) ou lieux ouverts (rue, jardin public)[3]. L'habitat précaire désigne ainsi : « tous les lieux possibles d'occupations des espaces publics et toutes les réserves territoriales d'appropriation nocturnes[4] ». L'abri de fortune n'est pas à confondre avec l'habitation de fortune considérée dans les enquêtes INSEE[5] qui elle, désigne les constructions non destinées à l'habitation mais transformées en logement (caravane immobilisée, baraque de chantier) que l'on retrouve dans la classification « abri précaire ».

1 Pascale Pichon, *Communications*, n° 73 « Manières d'habiter », 2002, pp. 11-29. Pascale Pichon (s.l.d.), *Sortir de la rue : les conditions de l'accès au chez soi*, étude DGAS, Paris, 2010.

2 François Clanché, « Le classement des situations de logement. Les sans-domicile dans des nomenclatures générales », *Sociétés contemporaines*, n° 30 « Les sans-domicile en France et aux États-Unis », 1998, pp. 181-196. Voir aussi INSEE-INED, « Sans-domicile », 1995, 2001, 2006.

3 Cécile Brousse, Emmanuel Massé et Bernadette de la Rochère, « L'enquête de l'INSEE auprès des usagers des services d'hébergement et de distribution de repas chauds. Une méthodologie inédite pour étudier la population des sans-domicile », *Le Courrier des statistiques*, n° 104 « Adolphe Quetelet », 2002, pp. 33-40.

4 Pascale Pichon, « Vivre sans domicile fixe : l'épreuve de l'habitat précaire », *Communications*, n°73, 2002, pp. 11-29.

5 Cécile Brousse, Emmanuel Massé et Bernadette de la Rochère, « L'enquête de l'INSEE auprès des usagers des services d'hébergement et de distribution de repas chauds. Une méthodologie inédite pour étudier la population des sans-domicile », *op.cit.*

Rémi Éliçabe

sociologue, doctorant, Centre Max Weber (UMR 5283), Université Lyon / Saint-Étienne, membre du GRAC, Lyon

- En quoi les démarches que tu déploies (ou a déployées) pour interroger la réalité sociale du sans-abrisme ou pour répondre à une commande institutionnelle sur cette question font-elles sens pour toi dans ton travail de chercheur ?

Nous essayons, avec le Groupe de recherche-action (GRAC), de répondre à des commandes institutionnelles comme nous traiterions d'objets sociologiques dans le cadre de recherches académiques. Nous mettons en œuvre des méthodes ethnographiques (basées sur l'observation *in situ*) y compris, par exemple, pour des missions *a priori* très techniques telle que l'évaluation d'établissements sociaux et sanitaires. Les temporalités de recherche ne sont, bien sûr, pas les mêmes, mais ces travaux ont pour vertu de nous faire circuler dans différents milieux de pratiques et de renseigner notre sociologie d'éléments très hétérogènes.

- Comment envisages-tu ou construis-tu des ponts entre les différentes sources de savoirs scientifiques et pratiques, ou encore entre ta production de recherche et d'autres formats de connaissance ?

La multiplication des enquêtes, de leur format (doctorat, commandes publiques ou associatives, recherches collectives et expériences ordinaires) permet d'envisager la pratique de recherche non pas simplement comme une production académique mais aussi comme ce qui permet de donner des prises pratiques et théoriques aux acteurs de terrain. Les transports des chercheurs (aussi de méthodes et de concepts) d'une enquête à l'autre, d'un format à l'autre, dessinent ce qu'on pourrait appeler une « circulation de recherche » plus qu'un programme bien défini et réglé par les seuls problèmes sociologiques.

- Penses-tu que ton travail de recherche est un acte militant ?

Je n'aime pas beaucoup le mot « militant », pas tant pour sa charge conflictuelle (celle-là, je m'en accommode plutôt bien) mais pour la restriction que celui-ci opère au niveau de l'aptitude à la politique.

2009

L'Hébergement des personnes en difficulté : sortir de la gestion de crise, rapport au Haut Comité pour le logement des personnes défavorisées.

La figure du militant – comme celle de l'homme politique – concentre les capacités supposées indispensables à la participation à la chose publique et aux affaires communes (désintéressement, dévouement à la cause, capacités argumentatives, etc.). Or, la fabrication de la politique qui m'intéresse particulièrement a lieu dans l'émergence et le commencement, selon des modalités d'action singulières voire inédites, là où de telles compétences ne sont pas présupposées.

Par ailleurs, je ne prête pas *a priori* à la sociologie la capacité à l'émancipation. Un travail de recherche est difficilement autre chose qu'un geste particulier d'écriture, et de ce fait, reste largement imprévisible dans ses effets. De plus, et là les choses se compliquent encore, il est de beaucoup d'événements, minuscules ou gigantesques, de résister à l'écriture (au langage même), des expériences de révolte et d'auto-organisation, mais tout autant des histoires ordinaires de la vie quotidienne au regard desquelles les catégories sociologiques apparaissent bien souvent inadéquates. Si le sociologue a quelque chance de participer à des formes d'émancipation, c'est en écrivant sur ce qu'il se passe, c'est-à-dire en rendant compte, dans l'écriture même, de l'évanescence de l'expérience. Il lui faudra ensuite mesurer, en prêtant attention aux effets produits par une telle écriture, de sa capacité à faire faire, à répercuter ailleurs les événements.

- « Ces capacités – la pensée critique ; la capacité à dépasser les intérêts locaux pour affronter les problèmes mondiaux en "citoyen du monde" ; enfin la capacité à imaginer avec empathie les difficultés d'autrui – dépendent de l'étude des humanités et des arts. » Cette citation, empruntée à la philosophe Martha Hussbaum dans son ouvrage *Les Émotions démocratiques* (2011), est-elle pour toi juste ? Que voudrais-tu ajouter ou discuter ?

Il faudrait s'accorder sur le sens de « dépendre » (et se demander dans le même temps si les capacités dépendent seulement d'études ?) aussi bien que sur celui que recouvre l'étude des humanités et des arts (qu'inclut-on dans de telles études ?). Pour répondre à ces deux questions sans connaissance de l'ouvrage duquel est tirée la citation, on peut peut-être interroger les trois capacités mises en avant : la pensée critique, la citoyenneté du monde et l'empathie. Ces trois capacités font classiquement partie de celles que l'on prête au citoyen occidental, et en ce sens ce sont des capacités locales, héritées de l'histoire de l'Occident et des Lumières (mise à distance de l'objet de connaissance, universalité du sujet politique, philanthropie humaniste). On pourrait même rajouter qu'elles sont plus spécifiquement relatives aux dispositifs de la démocratie telle qu'elle s'exerce aujourd'hui chez les Modernes, pour reprendre l'expression de Bruno Latour. Or, il me semble que les enjeux du monde d'aujourd'hui (la mondialisation, l'épuisement des ressources naturelles) doivent au contraire nous inciter à intégrer des capacités beaucoup plus plurielles, emmêlées et complexes que celles-ci. La multiplicité des natures-cultures (Descola, Latour), des savoirs situés (Haraway, Stengers), des formes de pratiques politiques (Rancière) actuelles engagent plutôt à repenser complètement les capacités à participer d'un monde dont le commun échappe, du fait de la prolifération des êtres en présence. Plutôt que les capacités bien référencées et stabilisées de la démocratie représentative, des capacités à faire avec, des capacités à construire et reconstruire sans cesse un commun susceptible de prendre en compte toujours plus d'êtres singuliers.

Page de droite :
Détail de l'exposition © Sonia Barcet.

2009

Marie Loison-Leruste,
Habiter à côté des SDF. Représentations sociales et attitudes à l'égard des personnes sans domicile,
thèse de sociologie, EHESS, Paris.

VINGT-CINQ ANNÉES
DE RECHERCHE ET MAINTENANT ?

Derniers temps de mes visites ethnographiques sous les ponts de Villeneuve-la-Garenne. Réflexivités en acte

Claudia Girola

La réflexivité est un langage universel et pluriel, elle nous concerne tous, sans-abri, chercheurs, acteurs politiques, habitants des villes. C'est se mettre à penser avec l'autre dans un mouvement de regards croisés et comprendre les enjeux qui nous unissent hommes et femmes et nous séparent en droit, en justice. Elle ne se crie pas mais elle s'écrie silencieuse dans les descriptions volontaires des chercheurs qui essayent de comprendre la vie des autres et avec les autres. Voici un fragment des réflexivités en acte.

Depuis quelques jours, Thierry était absent de sa baraque sous le pont de Villeneuve-la-Garenne dans la région parisienne où un groupe de personnes s'était construit (au singulier) des baraques précaires, mais remplies de marques personnelles, un chez soi qu'ils savaient provisoire, mais en même temps essentiel. Je commençais à m'inquiéter. Les affaires de Thierry étaient toujours là : c'était le signe pour les autres qu'il allait revenir. L'absence inexpliquée de Thierry n'a pas bouleversé le rythme de la vie quotidienne. Néanmoins quelques commentaires : « Il ne manquait plus que ça... on a d'autres choses à faire que s'occuper des misères des autres. » Louis, s'apercevant de mon inquiétude, a voulu m'expliquer : « Tu n'as pas compris cette vie : un jour on est là, un autre on n'est pas là. Ici on n'est pas obligé de s'expliquer de ce qu'on fait, mais on pense à lui, ne crois pas. » Louis me parlait de « cette vie » où leurs présences-absences s'inscrivent dans la logique de l'incertitude quotidienne, où les liens vis-à-vis de certaines personnes peuvent être affectivement ou solidairement profonds, mais en même temps flexibles, souples – jamais faibles, ni précaires – pour pouvoir suivre le cours de leursexistences imprévisibles. L'affection pour l'autre

2010

Circulaire pour la mise en œuvre des Services intégrés d'accueil et d'orientation (SIAO).

Création de la Délégation interministérielle pour l'hébergement et l'accès au logement des personnes sans abri ou mal logées (DIHAL), dirigée par le préfet Alain Régnier.

ne s'estompe pas face aux impondérables qui peuvent les séparer : la mémoire se nourrit du souvenir, un bien irremplaçable. Malgré l'apparente indifférence du groupe à l'égard de Thierry, chaque fois que je suis revenue, le principal sujet de conversation était précisément sa disparition, qui d'ailleurs éveillait le dilemme dont Louis avait fait mention autrefois. Dans une vie limite, la solidarité envers l'autre dans la nécessité signifie probablement la prise de risque pour sa propre existence : « Le pire dans "cette vie" de misère c'est qu'elle nous interdit de pouvoir aider ses proches » disait Louis à l'époque. S'occuper de Thierry impliquait l'abandon de leur routine, celle qui assure leur vie et celle de ceux qui dépendent d'eux. Le poids implacable de la dureté de leur réalité relativise tout jugement envers autrui, la décision de chacun face à ce dilemme ne lui sera pas reprochée. Ceci adoucira à son tour l'auto-jugement, sans pour autant l'annuler. Le dilemme demeure mais il est, en quelque sorte, atténué, ce qui dans le cas de la disparition de Thierry, permettait aux autres d'attendre sans trop s'affoler, sans crainte. « Si tu ne sais pas attendre dans cette vie, tu es morte » me disait constamment Louis. J'ai bien compris qu'attendre dans « cette vie » n'était qu'une attitude ambiguë entre l'espoir et l'attente résignée.

J'ai suggéré de contacter les assistants sociaux. Ils ont trouvé mon idée complètement ridicule : « On voit très bien que tu ne connais pas ce pays » ont-ils dit mettant en relief ma condition d'étrangère et probablement aussi mon ingénuité. « Les assistants sociaux ne s'occupent pas des personnes qui disparaissent, encore que… ils s'occupent finalement de presque disparus. On est transparents, mais, on nous voit quand on veut nous voir, quand on dérange parce qu'on nous voit trop dans la rue et ça parle ou quand il y en a un qui crève. Ils ont peur de nous, vivants ou mourants. Vivants, on nous voudrait invisibles, bon parfois on voit qu'ils font des choses, mais c'est souvent le minimum. Nous sommes comme des apparitions dérangeantes ; on a toujours été là, mais on essaye de nous cacher, alors que c'est le système qui nous a chassés. On dirait qu'on est de trop dans ce monde, mais nous, on est têtus, on est toujours là… » m'avait dit François d'un ton ironique. C'est dans cette oscillation visibilité-invisibilité que se déroule la vie des sans-abri. D'une part, une visibilité-invisibilité empirique vitale, du fait que la rue exige d'être là, de trouver des solutions de survie, d'occuper l'espace public et de s'exposer pour exister, en même temps qu'elle oblige à se cacher pour se protéger et saisir des moments de solitude pour soi ;

Création de la Direction régionale et interdépartementale pour l'hébergement et le logement en Île-de-France.

d'autre part une visibilité-invisibilité déterminée par le corps social qui produit les sans-abri, les désignent, les regardent, les jugent et les surveillent.

Finalement Thierry est passé pour récupérer son sac et il a décidé de partir du refuge de cet interstice urbain qui constitue la voûte du pont de Villeneuve-la-Garenne. Bernard s'est trouvé très affecté par son départ. Une relation particulière s'était nouée entre ces deux hommes. Bernard m'a raconté que le père de Thierry était décédé et que celui-ci était allé à l'enterrement. Telle était la cause de son absence. Cet événement lui avait permis de se retrouver avec une partie de sa famille qu'il ne voyait plus depuis sa sortie de prison quoiqu'il continuât à leur téléphoner pour « ne pas couper les ponts ». « Ça vous fait de la peine son départ ? » ai-je demandé à Bernard. « Comme tout le monde, on s'attache. Après il faut s'habituer à son absence. C'est un peu comme la vie. On est tous un peu comme ça. Ici on ne pointe pas, on n'oblige personne. Il faut laisser vivre... » J'ai senti sa tristesse, qui a inévitablement suscité la mienne. Tristesse et indignation ont toujours constitué ma distance pour comprendre ces vies dans l'extrême, une objectivité qui ne peut l'être qu'à coup d'une subjectivation profonde.

Quelque temps après, c'est Bernard qui est parti. J'en fus aussi affectée. J'ai toujours aimé cet homme aux paroles justes. Sans m'en rendre compte, mes visites sous le pont furent de plus en plus sporadiques. À chaque rencontre nous prenions congé par un « à demain ». Pourtant chacun d'entre nous le savaient : aucun contrat n'était stipulé qui nous obligeait à poursuivre une relation sociale et affective, relation au demeurant non dénuée d'intérêt mutuel. Notre engagement était à l'image des relations qui s'étaient établies dans ces groupes d'hommes et de femmes, souples pour « laisser l'autre vivre » comme m'avait dit Bernard. Toute notre relation était construite sur l'implicite qu'on se quitterait. Probablement c'est aussi cela qui permet une parole relativement libre entre le chercheur et ses interlocuteurs. L'organisation quotidienne de ma vie m'empêchait de continuer à les voir d'une manière systématique tout en ne trouvant pas de raison pour leur dire au revoir d'une manière définitive. Le temps a commencé à passer. Peu à peu, ces hommes et ces quelques femmes se sont inscrits dans ma mémoire personnelle et anthropologique, mais c'est surtout leur lutte quotidienne qui s'est inscrite définitivement dans le présent de ma conscience sociale et politique. En effet, leurs actions montrent

2010

Vincent Girard, Pascale Estecahandy, Pierre Chauvin, *La Santé des personnes sans chez soi. Plaidoyer et propositions pour un accompagnement des personnes à un rétablissement social et citoyen*, rapport, ministère de la Santé, de la Jeunesse et des Sports.

Frédéric Viguier, *La Cause des pauvres. Mobilisations humanitaires et transformations de l'État social en France depuis 1945*, thèse de sociologie, EHESS, Paris.

Situation extrême

Concept qualifiant un ensemble d'événements où des êtres humains sont directement confrontés à la mort physique et/ou psychique. Le concept de « situation extrême » désigne les expériences où sont atteintes les dernières limites de ce qui est considéré comme humainement acceptable et vivable. Les situations extrêmes comprennent des épreuves extrêmes mais aussi des violences extrêmes. Ce concept a tout d'abord été utilisé pour l'explicitation des conditions de vie des réfugiés des camps de concentration[1] mais il est également utilisé aujourd'hui pour décrire, à des degrés différents, les situations de survie des personnes à la rue[2].

1 Michael Pollack, *L'Expérience concentrationnaire. Essai sur le maintien de l'identité sociale*, Paris, Métailié, 1990.

2 Corinne Lanzarini, *Un Autre Monde. Situations extrêmes et tactiques de survie des sous-prolétaires à la rue*, thèse de sociologie, Université Paris 8, 1998. Dahlia Namian, *Vivre, survivre et mourir accompagné. Aux frontières de la vie moindre*, thèse de sociologie, UQAM, Montréal, 2011.

Situation limite

Notion parfois utilisée de façon empirique et synonyme de situation extrême ; elle peut également se référer à la philosophie existentielle de Karl Jaspers[1]. Elle permet ainsi de considérer tout à la fois les limites de la raison scientifique dans l'explication et la compréhension du phénomène et la pluridimensionnalité de l'existence humaine qui se révèle indirectement à travers les épreuves de l'agir et du pâtir : la faute, l'échec, la souffrance ou la mort. Elle est en ce cas le fil conducteur choisi pour développer le cadre d'une sociologie de la fragile urbanité[2].

1 Hermann Horn, « Karl Jaspers, 1883-1969 », *Perspectives : revue trimestrielle d'éducation comparée*, vol. 23, n° 3-4, 1993, pp. 745-764.

2 Pascale Pichon, *Vivre dans la rue. Sociologie des sans domicile fixe*, Paris, Aux lieux d'être, 2007.

un effort quotidien pour affronter, certes pas toujours avec succès, des obstacles souvent inconcevables et infamants pour le quidam (une inégalité sans mesure, une injustice irritante), ce qui les instaure en véritables combattants même si certaines pratiques de leur vie semblent souvent de l'ordre de l'adaptation plus que de la révolte ou de la revendication, un combat de vie. Lorsque l'épuisement envahit ces personnes, j'ai ainsi compris qu'il s'agissait rarement de l'expression d'une capitulation mais de la fatigue incommensurable qui se produit après une longue lutte pour rester une personne. Au moment de mettre un point final à ma recherche, le sens profond de la présence récalcitrante dans l'espace de la ville de ces femmes et de ces hommes pauvres m'est apparu avec plus de clarté. C'est une manière de briser une chronologie. Ils nous disent ainsi qu'ils sont toujours là, « têtus » comme l'avait dit François, présents à la place de ceux qui ne sont plus, comme la preuve visible d'une dette sociale banalement acceptée, que le politique a encore du mal à honorer et face à laquelle il se déshonore.

Claudia Girola, anthropologue, maître de conférences, CSPRP, Université Paris 7.

Note : fragments extraits de la conclusion de la thèse de sociologie de Claudia Girola, *De l'homme liminaire à la personne sociale. La lutte quotidienne des sans-abri*, EHESS, Paris, 2007.

2011

Conseil national des politiques de lutte contre l'exclusion sociale (CNLE) *Recommandations pour améliorer la participation des personnes en situation de pauvreté et d'exclusion à l'élaboration, à la mise en œuvre et à l'évaluation des politiques publiques*, rapport, juillet.

Thierry Mainaud, Direction de la recherche, des études, de l'évaluation et des statistiques (DREES), *L'hébergement d'urgence en CHRS*, résultats de l'enquête 2008, octobre.

Le retour sur le terrain

Jean-François Laé et Numa Murard

À la fin des années 1970, Jean-François Laé et Numa Murard mènent une enquête à Elbeuf, ville ouvrière de Seine-Maritime[1], dans les cités de transit, dernières « poches de pauvreté » comme on disait à l'époque et dont on pensait qu'elles allaient disparaître. Trente ans après, les deux sociologues retournent sur leur terrain d'enquête. Ils y retrouvent de nombreux habitants qu'ils avaient connus alors et qui vivent toujours dans la précarité. Hésitant entre explication et chronique, leur récit témoigne d'une tension entre l'expression des émotions partagées et la volonté de rendre compte avec justesse de cette histoire sociale.

1 Jean-François Laé et Numa Murard, *L'Argent des pauvres*, Paris, Seuil, 1984.

Reprenons pas à pas. D'abord et toujours l'enquête. Contrairement aux âneries répandues dans les manuels, ce discours assuré sur la maîtrise, nous sommes complètement sous la coupe de nos enquêtés. C'est nous les mendiants qui tendons la main, demandons des paroles, des récits, du réel. Et ce n'est pas les diplômes, les statuts qui ouvrent la porte, qui font confiance, l'envie de discuter, qui délient les langues. Face à l'imprévisible, la porte silencieuse, celle qui claque,celle qui s'ouvre et nous expose, nous entrons aux risques de la relation. Si anxieux qu'on n'arrête pas de faire de l'humour, de plaisanter, de rire de tout.

Il faut nous voir, nous sommes comme des petits enfants, serrant les genoux dans notre culotte. Vous affrontez la brutalité des questions sur votre désertion depuis trente ans, le cinglant de la gouaille populaire sur vos manières, et le plus difficile, l'hospitalité, la générosité des foyers où l'on vous accueille comme si vous faisiez partie de la maison. Que faire de cette gentillesse, de cette générosité, quand jamais nous donnons et sans cesse recevons. Aux innocents les mains pleines ! Et dire que ce réel qui coule à flots, ici ne vaut rien à l'extérieur vaut de l'or, a la capacité d'intriguer, d'émouvoir, voire de faire réfléchir. Et encore, on en a sûrement gâché les trois quarts, il faudrait être écrivain, on est de vulgaires contrebandiers.

Un journal d'enquête, c'est un tas de marchandises déchargées du dos de l'âne, et les choses les plus belles, les plus fragiles, cassées en morceaux. Poubelle ? Non bien sûr, il faut essayer de les recoller. C'est là qu'on voit ressortir de la mémoire des paroles, des sentiments, auxquels on commence à donner des noms, précarité économique, habitat insalubre, familles qu'on ne quitte pas, associés aux lieux de la ville, aux choses du quotidien, aux souvenirs des morts et des vivants. Mais là quand on touche au sensible, à la trame des vies, il faudrait être écrivain et non pas contrebandier, il faudrait être Céline par exemple, avoir son amour des pauvres et sa cruauté envers eux, et surtout ne pas hésiter à bien tremper ses chaussures dans la boue avant d'aller les essuyer sur les tapis du 7e arrondissement. Mais on est trop pétris de moralisme, bourrés de bonnes intentions, empêtrés de culpabilité, comme si on sortait de l'Universitaire comme du Petit séminaire.

Mais le pire est à venir. Maintenant qu'on est sortis de là, qu'on est rentrés à la maison, avec nos petits paquets bien faits, c'est maintenant qu'on va nous demander d'expliquer, de dire ce qu'il faut en penser. Parce que ce n'est pas clair dans l'enquête qu'on est perdus ? Qu'on en a pris plein les yeux et les oreilles, du réel, de la pauvreté, et même que si on nous en a donné c'est parce qu'on a accepté de se perdre, d'oublier nos diplômes et nos statuts, de se mettre un peu à l'écoute, de ne pas savoir quoi en penser. Et ce que l'on a vu et entendu, ce n'est pas du tout fait pour être expliqué, c'est juste fait pour être raconté, aussi fidèlement que possible, c'est dans la narration qu'est incluse la pensée, la narration est la pensée de ce qui peut être raconté, et cette pensée est d'autant plus forte que la narration est capable de raconter ce qui d'ordinaire ne l'est pas.

Mais on a beau dire que c'est idiot, ça ne sert à rien de protester, de toute façon il nous faudra payer notre dû, expliquer ce qui ne requiert pas d'explications. Si les explicateurs sont partout parmi nous, comme le dit Rancière, ce n'est pas seulement parce qu'il y a un professeur en chacun d'entre nous, c'est aussi parce qu'il y a un élève, qui exige son prof, son remplaçant à défaut. Il exige qu'on lui explique ce qui est juste fait pour être compris.

Certes, on exagère un peu. Dès le second chapitre, on a mis en scène l'intrigue principale de toute l'affaire, c'est-à-dire la question du travail et de son absence, et montré comment se distribuent autour de cet axe les réputations et les infamies, les valeurs et les pratiques, les aspirations et les satisfactions, les règles et leur transgression. La belle affaire, direz-vous ! Les sociologues et les politologues n'ont-ils pas chanté cent fois cela depuis la fin des Trente Glorieuses ? Qu'une classe moyenne appauvrie et inquiète chargerait le pauvre et l'étranger, tels des boucs émissaires, de tous les péchés dont elledésirerait s'exonérer comme on s'exonérerait de l'impôt à verser pour les dégâts de la désindustrialisation, les chargerait de tous les maux et tous les mots auxquels elle voudrait échapper, elle-même atteinte par cette désindustrialisation, par le maëlström du changement, par le mouvement brownien de la mondialisation.

Domination sociale

Théorie dévoilant les mécanismes de domination présents dans la société à travers l'étude des personnes sans domicile. Les chercheurs développant cette théorie construisent des analyses critiques des dénominations[1], des politiques sociales, de l'assistance[2], des institutions et des théories déjà existantes[2]. Dans cette perspective, la critique de la domination sociale est indissociable du travail de recherche. Pour Patrick Bruneteaux[3] par exemple, « les sous-prolétaires à la rue » subissent une domination sociale car ils sont considérés comme des surnuméraires : ils sont dominés dans le monde du travail et subissent des rapports de domination de la part des institutions et de l'État. Pour Carole Amistani[4], les femmes sans domicile subissent une double domination : celle d'être sans abri, et celle d'être femme. Plus globalement, le paradigme de la domination sociale permet de penser les rapports qu'entretiennent les personnes sans domicile avec le reste de la société et de les situer dans celle-ci.

1 Patrick Gaboriau, 1998, *SDF à la belle époque : l'univers des mendiants vagabonds au tournant des XIXe et XXe siècles*, Paris, Julliard, 1998. Patrick Bruneteaux et Daniel Terrolle (s.l.d.), *L'Arrière-cour de la mondialisation. Ethnographie des paupérisés*, Paris, Croquant, 2010.

2 Patrick Gaboriau et Daniel Terrolle (s.l.d.), *Ethnologie des sans-logis. Étude d'une forme de domination sociale*, Paris, L'Harmattan, 2003.

3 Patrick Bruneteaux, « L'hébergement d'urgence à Paris ou l'accueil en souffrance », *Sociétés contemporaines*, n° 63 « Gentrification, discours et politique », 2006, pp. 105-125. Patrick Bruneteaux, « Vide juridique et renvois arbitraires dans les centres d'hébergement d'urgence parisiens », *Revue de droit sanitaire et social*, n° 6 « Pauvreté et grande exclusion », 2007, pp. 965-978.

4 Carole Amistani, *Les Femmes sans domicile : rapports à l'institution, système de valeurs et éducation informelle*, thèse de doctorat de sciences de l'éducation, Université Paris 13, 2001.

Et même que déçue par les échecs de cette stratégie elle incline ou soit prête à remettre son sort entre les mains d'un leader à poigne, réalisant ainsi une nouvelle fois la sombre prophétie de Tocqueville.

Oui, mais non. Parce que c'est à chaque coin de rue et d'un étage à l'autre, à chaque instant et d'un jour sur l'autre que surgissent de nouvelles frontières sociales, que les petites inégalités font de grandes différences, que se fractionnent, se fragmentent, s'éparpillent les classes sociales de la société industrielle en décomposition. Il faut montrer concrètement, dans les activités et les relations, que le souci d'être convenable, d'être décent, d'être normal, à sespropres yeux et à ceux d'autrui, va jusqu'en bas, tout-en-bas, là où, pense-t-on bien à tort, on s'en est affranchi. Le meilleur entrepreneur de morale, c'est le bandit, le meilleur propagandiste de la valeur du travail le chômeur.

Jean-François Laé, sociologue, professeur, Université Paris 8.
Numa Murard, sociologue, professeur, directeur du CSPRP, Université Paris 7.

Note : ce texte est extrait de la conclusion de l'ouvrage co-écrit par Jean-François Laé et Numa Murard, *Deux Générations dans la débine. Enquête dans la pauvreté ouvrière*, Montrouge, Bayard, 2012.

2011

Conseil national sur l'information statistique (CNIS), *Le Mal-logement*, rapport, juillet.

Fédération européenne d'associations nationales travaillant avec les sans-abri (FEANTSA), *La Qualité des services sociaux : du point de vue des structures de prise en charge des personnes sans domicile*, rapport européen.

Démarches et postures de recherche. Entre affects et vecteurs de connaissance

Carolyne Grimard

Enquête

Au cours de l'été 2008 et dans le cadre de ma démarche doctorale, j'ai débuté une enquête-terrain afin de mieux appréhender les différentes formes de prise en charge des hommes itinérants par les refuges, dispositifs d'hébergement d'urgence à Montréal. Je cherchais à comprendre pourquoi ces structures d'accueil pouvaient devenir soit des lieux d'ancrage où les hommes séjournent des années, soit des lieux de passage, permettant éventuellement une sortie de rue. Je décidais alors de m'immerger plusieurs mois dans cet univers pour y mener observations et entretiens autant auprès des hommes itinérants que des employés des refuges.

Le travail de terrain auprès des populations sans abri peut bousculer les chercheurs. Lorsqu'il survient, ce bousculement émotionnel peut, dans certaines circonstances, être balisé par des outils méthodologiques acquis dans les formations en sciences sociales. Dans d'autres, les outils sont parfois inadéquats. Que faire alors avec les affects qui surviennent lors d'une enquête ? Et quel regard poser sur les acteurs qui nous affectent ? Jean-Paul Payet dit que « l'enquête auprès d'acteurs faibles expose au lieu de protéger, met à vif au lieu d'oublier et attire l'attention plutôt que de banaliser[1]. » Entre l'exposition des affects des chercheurs et l'exposition d'une expérience de disqualification sociale, quelles démarches et postures de recherche adopter lors d'enquêtes auprès de personnes itinérantes ? Comment saisir l'objet étudié lorsque celui-ci fait souffrir le chercheur lui-même ? Réfléchir aux affects vécus par le chercheur s'est ainsi rapidement imposé à moi.

L'objet « SDF » est un objet que j'étudie depuis de nombreuses années. À travers des activités liées au militantisme, au bénévolat, à la coordination d'un collectif dont les recherches portent sur cette question, j'avais l'impression d'avoir saisi les contours de ce vaste objet et que peu de surprises m'attendaient dans cette nouvelle enquête-terrain. C'était sans compter sur le fait que mes recherches précédentes

1 Jean-Paul Payet, « L'enquête sociologique et les acteurs faibles », *SociologieS*, page consultée le 18 octobre 2011 <http://sociologies.revues.org/3629?&id=3629>, [en ligne].

Fédération européenne d'associations nationales travaillant avec les sans-abri (FEANTSA). *La Santé des personnes sans domicile: franchir les barrières*, rapport européen.

Circulaire interministérielle du 14 décembre relative aux modalités de mobilisation de la réserve sanitaire dans le cadre du Plan grand froid. Annonce de l'intégration de la présence de médecins de la réserve sanitaire dans les équipes mobiles allant à la rencontre des personnes sans abri.

ne m'avaient jamais amené à une telle proximité avec les hommes itinérants. Cette confrontation a été pour moi un véritable choc. La diversité des populations accueillies par les refuges est importante. Bien que les expériences de vie, les problèmes des hommes reccueillis soient propres à chacun, un profil m'attirait : les hommes identifiés alcooliques. Ils me rappellaient et me ramènaient à mon père. Bien que ce dernier n'ait pas connu de période d'itinérance, il avait vécu deux périodes d'alcoolisme dévastatrices (pour lui et pour notre famille), entraînant la perte de son emploi, de ses revenus, de certains liens familiaux et exacerbant un problème de santé mentale. Parmi les hommes rencontrés dans les refuges, beaucoup avaient des histoires et des trajectoires similaires. Pourtant, qu'est-ce qui les différenciaient de mon père ? Pourquoi eux avaient-ils eu recours aux refuges ? Mon père avait finalement échappé à ce que j'attribuais être un destin tragique, un destin d'institutionnalisé. Comment travailler un objet qui m'affectait, me faisait souffrir, mais qui produisait de la connaissance ? C'est là que mon véritable travail s'est amorcé, au croisement d'une histoire personnelle et d'une réflexion théorique.

La théorie disponible sur les refuges tend à présenter cette forme de prise en charge comme comportant son lot de violence institutionnelle et verbale. Je n'ai toutefois jamais été exposée à des violences physiques ou des menaces, ni même été témoin de conflit majeur. Cependant, quelque chose me troublait. En cherchant dans lalittérature disponible sur les expériences d'enquête-terrain, j'étais tombée sur la notion de « terrain difficile[2] ». Selon Magali Boumaza et Aurélie Campana, un terrain difficile sous-entend une subjectivité et un danger. Ce qui est difficile pour les uns ne le sera pas nécessairement pour les autres. Et lorsque le terrain ne présente pas de dangers physiques, le chercheur peut tout de même être confronté à des dangers d'ordre émotionnel. Dans mon cas, un investissement intellectuel était évident mais je devais faire attention à ce que celui-ci ne se laisse pas surpasser par l'investissement personnel[3]. J'acceptais donc de vivre avec les deux, ou comme l'écrit Jeanne Favret-Saada, de faire « droit à ce qui, en lui [le chercheur], est affecté, malléable, modifié par l'expérience de terrain ; ou en lien à ce qui, en lui, veut enregistrer cette expérience, veut la comprendre, en faire un objet de science[4] ».

2 Magali Boumaza et Aurélie Campana, « Enquêter un milieu "difficile". Introduction », *Revue française de science politique*, vol. 57, n° 1, 2007, pp. 5-25.

3 Valérie Amiraux et Daniel Céfaï, « Les risques du métier. Engagements problématiques et sciences sociales », *Cultures et Conflits*, n° 47, 2002.

4 Jeanne Favret-Saada, « Être affecté », *Gradhiva*, n° 8, 1990, p. 9.

Dilemmes et limites

Trois refuges ont accepté de m'ouvrir leurs portes. Comme tout chercheur, pour mieux accéder à mon objet d'enquête et mieux le saisir, j'ai développé une forme de familiarité avec les employés et les usagers ce qui m'a permis de recueillir un matériau très riche. Étant une femme,

Carolyne Grimard,
Les Refuges pour hommes itinérants à Montréal, lieux de passage ou d'ancrage ? Enquête sociologique sur une institution paradoxale, thèse de sociologie, Université du Québec à Montréal, Montréal.

je ne pouvais cependant pas y dormir et n'avais pas accès à tous les lieux, comme les douches et les dortoirs. Je pensais que les liens établis me permettraient d'engager plus facilement mon travail d'enquête. Or, comme je l'ai déjà mentionné, me retrouver dans ces refuges m'a causé un choc et les interactions avec les hommes m'ont troublées.

À ce moment-là, je prenais systématiquement tout en note. J'avais repris l'idée de Leonard Schatzman et Anselm Strauss[5] de prendre des notes d'ordre méthodologique et descriptif. Je voulais vivre mon terrain avec le moins d'appréhensions théoriques possibles, être en mode réception. Toutefois, étant très souvent la seule femme dans ces milieux d'hommes, je me suis retrouvée être le centre de l'attention. Je recevais confidences sur les histoires passées et présentes. Ces hommes s'exprimaient facilement. Probablement que, par la présence constante dans les refuges de travailleurs sociaux, d'infirmiers, de médecins, d'intervenants en toxicomanie, les hommes étaient habitués à se raconter. Toutefois, je recevais ni facilement ni ouvertement ce qu'ils avaient à dire, parce que cela me ramenait constamment à mon père, à la souffrance qu'il avait vécue, ainsi qu'à celle que je n'aurais pas voulue qu'il vive en se retrouvant dans les refuges. Je continuais à aller sur le terrain car j'avais encore des données à recueillir, des situations à comprendre, des interviews à faire, mais je faisais désormais mes observations le plus possible en retrait. Soit je m'installais dans la cabine d'accueil où seuls les intervenants avaient le droit d'aller, soit je m'installais près des agents de sécurité, me coupant ainsi des usagers. Cependant, en prenant toutes ces notes et en cueillant ce matériau à travers mes observations, j'avais l'impression, pour reprendre Jean -Paul Payet, d'accentuer la faiblesse de mes interviewés en mettant à vif leurs expériences, en exposant leur misère et leurs difficultés et en balayant du même coup les subtilités et la singularité de leur vie quotidienne.

5 Mylène Jaccoud et Robert Mayer, « L'observation en situation et la recherche qualitative » Jean Poupart (s.l.d.), *La Recherche qualitative. Enjeux épistémologiques et méthodologiques*, Boucherville, Gaëtan Morin, 1997, pp. 211-249.

Défis théoriques

Aux limites émotionnelles que je vivais, s'ajoutait également une limite théorique. Je voyais dans les refuges deux modes de fonctionnement qui m'apparaissaient contradictoires. Je constatais, d'une part, un dispositif qui proposait des programmes de sortie de rue, des formes d'accompagnement variées, des supports pour favoriser l'émergence de nouveaux liens sociaux: c'est-à-dire un dispositif qui voulait autonomiser et responsabiliser ses usagers. Et d'autre part, ces mêmes refuges m'apparaissaient comme une forme d'institution totale du siècle précédent. J'y observais despratiques de régulation sociale strictes

Dahlia Namian,
Vivre, survivre et mourir accompagné. Aux frontières de la vie moindre, thèse de sociologie, UQAM, Montréal.

Guillaume Pégon,
Le Traitement clinique de la précarité. Collectifs d'intervention, parcours de vulnérabilité, pratique de care. L'exemple du Carrefour santé mentale précarité du département de l'Ain, thèse de sociologie, Université Lyon 2, Lyon.

et contrôlantes quant à l'espace et au temps. Je constatais le recours à un pouvoir discrétionnaire de la part du personnel qui créait parfois des situations infantilisantes et humiliantes pour les usagers. Et surtout, je remarquais que les hommes qui y avaient recours une fois avaient tendance à s'y ancrer à très long terme, malgré les dispositifs de sortie de rue. J'étais étonnée de voir que de nouvelles pratiques se superposaient à d'anciennes créant ainsi un melting pot d'usages parfois en contradiction les uns des autres. Et finalement j'étais surprise par ce destin un peu fataliste qui émergeait du besoin de structures d'accueil.

Par ailleurs, en tant que chercheure, comment faire pour observer autant de situations extrêmes qui nous sortent de notre confort et tenter de les oublier le soir en rentrant chez soi ? J'ai décidé d'apprivoiser le conflit interne qu'avait fait surgir mon enquête. Je me suis servie de mon père comme d'un référent pour tenter d'identifier ce qui le différentiait de ces hommes. C'est ainsi qu'à travers une analyse fine de mes notes d'observation et des entretiens réalisés, j'ai mieux compris certains mécanismes institutionnels qui fidélisent ces hommes aux refuges. C'est à la rencontre de ces histoires personnelle et sociologique que j'ai pu construire des idéaux-types de recours au refuge ainsi qu'une théorisation sur la vulnérabilité qui contribue à la compréhension des dynamiques de recherche en cours. Ces défis théoriques et méthodologiques se sont en définitive transformés en éléments de sérendipité[6], vecteurs de connaissances nouvelles.

In fine, je me suis longtemps demandée pourquoi je n'arrivais pas à contenir mes émotions dans mon journal de bord. Pourquoi ce terrain m'avait autant affectée ? Pourquoi cette proximité que je partageais avec mon objet de recherche, à travers une histoire personnelle et familiale, ne pouvait pas seulement être balisée par des outils méthodologiques? La seule réponse que j'ai trouvée a été de me rappeler que le travail du sociologue suppose une part d'« inquiétante étrangeté[7] », c'est-à-dire une rencontre avec un autre qui n'est pas indigène mais un autre, qui est même, qui est double.

6 Sens où Robert King Merton l'entend fait référence à une découverte insoupçonnée, faite de manière non-anticipée, qui devient une occasion pour développer ou étendre la portée d'un modèle théorique existant. Robert King Merton, *Social Theory and Social Structure*, New York, Free Press, 1949.

7 Sigmund Freud, « L'inquiétante étrangeté », *Essais de psychanalyse appliquée*, Paris, Gallimard, 1919, pp. 163-210.

Carolyne Grimard, sociologue, assistante-docteure, Université de Fribourg, membre de l'UQAM-CRI, Québec, Canada.

2012

Marine Maurin,
La Place des femmes sans domicile dans l'espace urbain. Approches comparatives, thèse de sociologie, Université Jean Monnet, Saint-Étienne (en cours).

Exposition de soi / Présentation de soi

Notions reprises à Erving Goffman[1] et appliquées aux situations d'interaction en public des sans domicile fixe dans l'espace public ou au guichet des institutions d'assistance. L'exposition de soi traduit le moyen pour les personnes sans domicile d'exprimer face au public les formes de résistances qui s'offrent à elles, notamment à travers l'activité de la manche. Dans l'exposition de soi, l'acteur met en jeu sa personne sans vraiment maîtriser les effets des attributs exposés : pauvreté, dénuement, isolement, alcoolisme, etc. Dans le travail de présentation de soi, c'est de façon plus ferme que le travail de la narration de soi cadre les interactions. « L'affichage du corporel comme ruse du faible est un pendant de ces deux notions[2] ». Elle découle également d'une analyse interactionniste qui considère ce type de présentation de soi comme une tactique pour ne pas subir une forme de domination sociale.

1. Erving Goffman, *La Mise en scène de la vie quotidienne, 1. La Présentation de soi*, Paris, Minuit, 1973.

2. Dominique Memmi et Pascal Arduin, « L'affichage du corporel comme ruse du faible : les SDF parisiens », *Cahiers internationaux de sociologie*, n° 113 « La ruse des faibles », 2002, pp. 213-232.

Les lieux publics de la survie quotidienne. Choix photographiques dans une enquête exploratoire réalisée à Paris

Léonardo Antoniadis

L'expérience dont je vais parler a eu lieu en 1995. C'était la deuxième fois que j'utilisais la photographie dans une recherche. Le but de l'enquête était de comprendre la situation des SDF dans l'espace public urbain à Paris. Cette enquête était soutenue par l'Institut national d'études démographiques (INED) et le Plan urbain[1]. Deux photographes avaient été associés à l'équipe des sociologues qui allait travailler sur le terrain. La photographie était un complément à la démarche ethnographique, censée apporter des éléments de connaissance supplémentaires sur l'utilisation de l'espace urbain par les personnes sans-abri. Dans les réunions de préparation, les approches photographiques construites sur le reportage ou le portrait documentaire ont été rapidement écartées, par crainte de renforcer le stigmate du SDF et son image dégradée à travers différents médias. Il faut rappeler également qu'à cette période, dès que l'on abordait la pratique photographique, le discours et la législation autour du droit à l'image étaient très présents dans tous les esprits. Nous avions trois mois pour mener notre enquête. Deux groupes se sont constitués : la sociologue Corinne Lanzarini et le photographe Alain Kernevez ont choisi le 18e arrondissement. Pascal Arduin sociologue et moi-même avons préféré le 13e arrondissement[2].

Pascal Arduin connaissait bien le 13e arrondissement et toutes les structures d'accueil mises en place pour les sans-abri : des vestiaires, des accueils pour la nuit, des soupes populaires. Nous avons commencé par des entretiens informels avec différentes personnes qui fréquentaient les lieux et qui nous étaient présentées par les responsables associatifs. Étant garant du volet de l'enquête concernant l'image, je pensais à la façon dont j'allais utiliser mon appareil photo. La photographie n'est qu'un procédé et elle n'est pas une méthode prête à l'emploi dont l'application nous donnerait ensuite des résultats à caractère scientifique. Le pourquoi et le comment de son utilisation dans une recherche restent

1 Pascale Pichon (coord.), *Les lieux de la survie quotidienne. Recherche exploratoire : parcours urbains et suivis des personnes sans domicile fixe dans deux quartiers parisiens*, rapport Plan Urbain/INED, novembre 1996.

2 Il faut rappeler que les deux sociologues avaient déjà conduit des enquêtes soit de type qualitatif soit de type statistique sur ce sujet et connaissaient bien les problématiques des personnes sans abri.

2012

Maëlle Planche,
Identification et analyse des discriminations dans l'accès à l'hébergement aux soins et aux droits pour les femmes sans domicile fixe souffrant de troubles de la santé mentale, thèse de sociologie, Université Paris 5, Paris (en cours).

Séverine Mayol,
La Question des femmes sans domicile : une évaluation des politiques sociales en France et une étude comparée des réponses apportées aux besoins des femmes SDF par les politiques française, allemande, anglaise, espagnole et finlandaise, thèse de sociologie, Université Paris 5, Paris (en cours).

toujours à inventer. Au départ de cette nouvelle expérience, je n'avais pas des idées très précises comme le témoignent mes premières prises de vue ; ~~elles~~ celles-ci reflètent des déambulations dans les rues du quartier, démarche propre à la phase d'exploration et de prospection.

Le thème des « sans-abri » m'était également étranger. Une année auparavant, en 1994, je venais de terminer une recherche auprès des Roms roumains en banlieue parisienne et en Transylvanie où j'avais considéré la photographie comme un outil de recherche. À cette occasion j'avais emprunté la démarche photographique du reportage, où l'on construit un témoignage visuel sur le sujet photographié. J'essayais de rendre compte de mon expérience, de ce que je voyais ou ce à quoi je participais, par des images lisibles. C'est au moment de l'écriture que j'avais analysé les incidences de la pratique de la photographie sur mon terrain, m'appuyant sur des lectures et m'engageant dans une réflexion plus approfondie. Quelques définitions sur l'image me semblaient évidentes. En effet, l'un des premiers écueils rencontré par le chercheur en sciences sociales repose sur le fait que les images photographiques ne peuvent pas établir de discours explicatifs. Comme l'affirmait Susan Sontag, en citant Bertolt Brecht, « une photo des usines Krupp ne révèle pratiquement rien sur cette organisation[3] ». Mais cette affirmation n'est valable que si nous parlons des images uniques. Autre chose est la série d'images. Ainsi Jacques Lacan ne reconnaissait une fécondité signifiante des images que dans ses effets de chaîne[4] ; ou encore Jean-Luc Godard ne voyait l'image que plurielle, c'est-à-dire dans ses effets de montage[5]. D'autres propriétés étaient également à considérer : l'idée de l'image photographique comme une trace du réel et non comme sa représentation parfaite ; l'impossibilité de l'objectivité ; le jeu de miroir instauré par le spectateur face au sujet désigné par la photographie, à travers l'influence de son propre back ground socio-culturel devant la même image, différentes personnes ne percevront pas les mêmes choses.

Il faut donc considérer la photographie non seulement comme une image, mais également comme une triade, ou un acte ; un acte photographique où sont impliqués trois personnages : le photographe, la personne (ou le sujet ou l'image) photographiée, et l'observateur de l'image. Ces trois entités peuvent, bien entendu, être confondues dans la même personne. Les rapports sociaux entraînés par la prise de vue deviennent également une source de données.

Dix-sept ans se sont écoulés depuis l'enquête conduite sur les lieux parisiens traversés et vécus par des sans-abri et mes souvenirs sont assez vagues. Mais c'est évidemment grâce aux rapports entretenus avec les protagonistes et aux photographies produites pendant et

3 Susan Sontag, *Sur la photographie*, Paris, Christian Bourgois, 1993.

4 Georges Didi-Huberman, *Images malgré tout*, Paris, Minuit, 2003.

5 *Id.*

Estelle Soudant,
Le Genre, les politiques sociales et la question SDF,
thèse de sociologie, Université Lille 1, Lille (en cours).

après le terrain, que je peux aujourd'hui développer certains détails. L'enquête a démarré dans un vestiaire où nous avons rencontré Jean-Paul, né dans le Jura en 1946. Il travaillait dans le bâtiment depuis vingt-deux ans mais il nous raconte qu'en 1985, il perd son emploi et monte à Paris. Dans le 13e arrondissement qu'il ne quitte plus, il s'intègre aux réseaux d'assistance. Au moment où nous le contactons, il souffre de problèmes pulmonaires qui l'obligent à de longs séjours à l'hôpital. Jean-Paul aime bien se positionner en expert de la vie des sans-abri et il nous fournit de nombreuses informations, ce qui nous permet de cerner le territoire dans lequel il se déplace. Jean-Paul devient ainsi la personne qui répond le mieux aux objectifs explicites de l'enquête : l'exploration des lieux de la survie quotidienne.

En regardant mes archives photographiques, je constate qu'indépendamment de l'enquête, j'avais à cette époque un intérêt particulier pour les photographies panoramiques. En effet, je remarque qu'à un moment donné, je me suis décidé à adopter ce format dans l'enquête. Mes premières images cadrées au 24x36 me permettaient de photographier des lieux précis, mais je voulais capter plus largement le contexte urbain. En effet, les photographies de mes repérages effectués grâce aux entretiens avec les personnes sans-abri, étaient trop sélectives. J'avais besoin d'élargir le cadre et de l'intégrer. Lors de mon étude sur les Roms, j'avais fait la lecture de l'ouvrage de John et Malcom Collier[6], deux anthropologues américains (père et fils) qui avaient expérimenté avec succès l'usage des photographies comme support d'entretien. Ils avaient montré à des Navajo des images de leur environnement, obtenant de leur part des appréciations très riches et pertinentes. J'ai alors réalisé l'association entre cette démarche et le format panoramique, adapté de surcroît à la problématique de la recherche – la ville et les sans-abri – et je me suis mis à photographier les lieux évoqués par Jean-Paul avec le dit format. Je travaillais avec un appareil 24x36. Pour obtenir l'image large, je photographiais en vertical successivement, balayant l'espace urbain choisi, en faisant attention de commencer le cadrage de ma deuxième photo, là où s'était arrêtée la première.

Une fois réalisée une bonne série d'images, nous avons finalement pu retrouver Jean-Paul après de nombreuses tentatives infructueuses. C'est dans un bar que nous avons pu conduire un entretien avec le support des images. Les photographies avaient une taille de dix centimètres de hauteur par, environ, trente-cinq centimètres de largeur. Il n'y avait pas d'ordre précis dans la série. Les observations des Collier se sont avérées justes. Jean-Paul, devant les images des lieux qu'il fréquentait, était beaucoup plus à l'aise, coopératif,

6 John Collier and Malcom Collier, *Visual Anthropology. Photography as a Research Method*, Mexico, University of the New Mexico Press, 1986.

2012

Édouard Gardella,
Chronopolitiques de l'urgence sociale. Temporalités et justice sociale dans l'assistance aux personnes sans abri en France depuis les années 1980, thèse de sociologie, ENS Cachan, Paris (en cours).

Katia Choppin,
Sans domicile fixe, de l'hébergement au logement. Comment sortir des parcours de l'assistance dans la métropole lilloise ?, thèse de sociologie, Université Lille 1, Lille (en cours).

Espace intime-espace privé

Notions permettant de comprendre les tensions auxquelles les personnes à la rue sont confrontées dans l'espace public. L'intimité est souvent vue comme le pendant de l'espace privé et en opposition avec l'espace public : selon Jean-François Laé[1], l'intimité est à la fois la propriété d'un lieu et la propriété de soi. Pour les personnes à la rue, l'espace intime devient problématique : elles n'ont pas de domicile et sont surexposées dans l'espace public. Dans cette perspective, l'exposition de l'intimité dans l'espace public à travers le corps notamment, peut devenir un déni d'intériorité, voire une non-reconnaissance de la personne. L'espace intime-espace privé pour les personnes sans domicile pose alors la question des aménagements d'un lieu en propre, de la construction de territoires, d'espaces privés dans l'espace public (ou plutôt d'espace personnel), dans les institutions (les hébergements par exemple) ; mais aussi de la présentation de soi dans les interactions, permettant le maintien de soi.

1 Jean-François Laé, « L'intimité, une histoire longue de la propriété de soi », *Sociologie et Sociétés*, vol 35, n° 2, 2003, pp. 139-147.

voire enthousiasmé de parler des images. L'attention de l'entretien s'était déplacée de sa personne vers les images. La reconnaissance des lieux, l'effet de miroir plus haut mentionné, lui évoquaient des tranches de son histoire. Les photographies nous faisaient découvrir des nouveaux parcours qui n'avaient pas été signalés dans les entretiens précédents. Le regard qu'il portait sur les images nous montrait à quel point il était attentif à l'évolution des espaces urbains qu'il fréquentait. Il disait s'informer dans les bibliothèques de toutes les transformations urbaines. Il soulignait l'importance de faire ça (prendre ce type de photos) parce que le quartier changeait vite. Grâce aux photos, on parvenait alors à distinguer deux territoires biographiques différents, celui du passé, rythmé par des moments vécus dans les bars avec des amis, lorsqu'il avait les moyens. Le territoire du présent déterminé plutôt par sa maladie, avec des promenades en solitaire pour éviter de boire. Les images lui évoquaient son histoire personnelle ainsi que celle du quartier. Les immeubles détruits rappelaient des histoires de squats partagés avec des gens qu'il continuait à voir.

Nous avons réussi cet entretien avec Jean-Paul presque à la fin de notre travail de terrain. À ce moment-là, j'étais plutôt soulagé d'avoir pu trouver un résultat satisfaisant. Cependant, aujourd'hui, dix-sept ans après, j'ai un regret : celui de m'être limité à exploiter l'image uniquement comme un outil et de n'avoir pas utilisé mon appareil photo comme un autre moyen pour raconter l'enquête, comme un journal de terrain. Je n'ai pas d'images des personnes que nous avons enquêtées. Je ne parviens pas à me souvenir de leurs visages, si ce n'est que très vaguement, ni des vestiaires ou des soupes populaires où nous avons réalisés nos entretiens. Or, il me semble que ces images auraient ajouté des éléments d'informations précieux. Sans oublier que le réel ne se réduit pas au visible, elles nous auraient permis, entre autre, de percevoir rapidement la diversité des personnes que nous avons rencontrées : je me souviens seulement que Jean-Paul, habillé en veste de costume, ressemblait à un fonctionnaire ; Jean-Pierre, quant à lui, avait l'allure d'un randonneur très en forme alors que par contraste Claude portait sur son corps et dans ses gestes mêmes, les traces de la vie à la rue.

Rétrospectivement, cette expérience permet de considérer de façon plus générale que l'image (photographique ou vidéo) peut devenir un complément essentiel des comptes-rendus des chercheurs en sciences sociales, selon l'objectif de chaque recherche. Je fais mienne cette notation de Georges Didi-Huberman : « Parce qu'en chaque production testimoniale, en chaque acte de mémoire les deux – langage et image – sont absolument solidaires, ne cessent pas d'échanger leurslacunes réciproques : une image vient souvent là où semble faillir le mot, un mot vient souvent là où semble faillir l'imagination[7]. »

David Grand,
Une Ethnographie de l'habiter précaire. Enquête dans trois structures d'hébergement, thèse de sociologie, Université Jean Monnet, Saint-Étienne (en cours).

Christophe Blanchard,
Les Jeunes Propriétaires de chiens à la rue : analyse d'un phénomène d'exclusion sociale anthropo-zoologique, thèse sociologie, Université d'Évry-Val d'Essonne, Évry-Val d'Essonne (en cours).

C'était pour des raisons déontologiques que l'équipe de la recherche avait décidé alors de ne pas effectuer des portraits des sans-abri rencontrés (sauf à leur demande et pour eux). Nous posions alors la stigmatisation et l'identification par l'image comme de sérieux problèmes. Cependant cette expérience montre que d'autres aspects d'ordre scientifique sont à considérer. Les chercheurs en sciences sociales travaillent sur le terrain avec des points de vue originaux et ont l'occasion de témoigner et de documenter sur des populations de façon bien différente que ne le font les médias qui utilisent l'image comme moyen d'information et de vulgarisation. Pourquoi laisser le monopole de l'image à ces derniers, maintenant que la maîtrise des appareils photo, caméras, logiciels de retouche et de montage devient plus aisée pour tout le monde ?

7 Georges Didi-Huberman, *Images malgré tout*, *op. cit.*

Léonardo Antoniadis, photographe, anthropologue, réalisateur, enseignant en photographie, Paris.

Doubles pages suivantes :
Dispositifs photographiques issus d'une enquête exploratoire réalisée à Paris
© Léonardo Antoniadis.

Émilie Duvivier,
Entre protection et surveillance : parcours et logiques de mobilité de jeunes migrants isolés, thèse de sociologie, Université de Lille 1, Lille (en cours).

La péniche de l'Armée du Salut, novembre 1995

Jean-Paul : « À la péniche, j'ai fait de longs séjours. Bernard, le responsable, on s'amusait bien avec lui. Le samedi, il n'y avait plus de place et lui comme il nous connaissait tellement, il regardait son cahier et au bout de dix minutes il revenait et disait "allez, donne-moi ta carte !". Au 28 (rue Chevaleret), c'était pareil. Ils savaient qu'il n'y avait pas de bordel du tout. À l'heure actuelle, c'est fini. Si tu n'as pas une assistance sociale... »

La place Nationale, novembre 1995

Jean-Paul : « Et là c'est où ? ... La place Nationale ! Tiens ! Ils sont assis là. Je ne les connais pas. Des fois, on peut les connaître. Il y a des gens qui nous prennent en photo sans savoir. Je suis passé deux fois dans le journal Info XIII sur la couverture, c'est un copain qui m'a prévenu. »

UNE EXPÉRIENCE DÉMOCRA-TIQUE

—

Conclusion

L'exposition publique des sciences sociales : une expérience démocratique

Bertrand Ravon

« Je me rappelle un vieil instituteur qui me mena un soir jusqu'au fond du jardin, voir briller la peau d'un poisson que nous avions mangé à midi. (...) Elle avait des phosphorescences. C'était une chose qu'il enseignait en classe. Il ne l'avait jamais vue de ses yeux. Il en était ému jusqu'aux larmes. "Venez voir, venez voir disait-il, c'est..." Il en bégayait, car il en cherchait le vrai mot, le trouvait enfin, "c'est dit-il, scientifique". Il semblait au vieil homme ravi que ces merveilles de la nature étaient des progrès de la science... Il n'était pas éloigné de penser que les phosphorescences des poissons étaient unexespèce de conquête de la laïcité. »

Alexandre Vialatte, 1901-1971

Lorsque la recherche en sciences sociales s'expose autour d'un problème public, ici le sans-abrisme, qu'expose-t-elle ? Cherche-t-elle à rendre plus lisible, plus sensible un problème public mal connu qui reste peu élevé dans l'ordre des priorités politiques ? Cherche-t-elle à faire partager des connaissances savantes et néanmoins chargées d'émotions, qui portent avec elles de redoutables questions morales ? Cherche-t-elle à rendre compte de son propre travail scientifique, bien souvent rendu invisible du fait du confinement des laboratoires ou au contraire des traductions médiatiques trop simplificatrices ?

Pour avoir participé au montage de cette exposition, mais sans en avoir été l'une des chevilles ouvrières, j'ai été le témoin de l'intense questionnement collectif que cette activité de préparation a produit. De manière à prendre un peu de recul (plutôt d'ailleurs qu'un peu de hauteur), l'histoire des sciences sociales peut nous offrir une perspective intéressante, pour autant que des précédents existent, précédents que notre expérience d'exposition permette le cas échéant d'actualiser. Je me suis ainsi intéressé à la Troisième République, moment inaugural de confrontation des tous jeunes social scientists à la chose publique (la res publica) : on peut y voir les sciences sociales – en plein développement – confrontées à la nécessité d'exposer publiquement un savoir autour des problèmes publics qu'elles prennent pour objet.

Par exemple, à l'occasion de l'Exposition universelle de 1889, des industriels philanthropes et réformateurs proposèrent autour de Frédéric Le Play une exposition d'économie sociale reconstituant un village ouvrier (la cité sociale) et présentant des documents et statistiques (la galerie de l'économie sociale). C'est cette collection documentaire qui s'enrichira pour donner le Musée social, fondé en 1894. La mise en place d'une bibliothèque consacrée aux problèmes sociaux et urbains, la conduite d'enquêtes (notamment sur ce qui deviendra l'habitat social), l'organisation de conférences, l'expérimentation sociale (des Cités Jardin par exemple) font du Musée social un institut de recherche, considéré par les historiens comme un creuset doctrinal de l'État-providence. Rassemblés par un même esprit social, pas franchement révolutionnaire mais soucieux de cohésion, les nombreux adhérents du Musée social forment une coopérative savante. L'exposition permet de circonscrire un espace public de recherche, intermédiaire entre sciences sociales et puissance publique.

La décennie précédente, le Musée pédagogique avait été créé lors de l'Exposition universelle de 1878 par un homme de science et d'éducation, Ferdinand Buisson, alors directeur du service de la statistique de l'enseignement primaire. « Exposition permanente, méthodiquement classée, de tout ce qui intéresse [...] la situation des écoles, le Musée pédagogique est avant tout pensé comme un centre d'action et d'impulsion consacré à lapratique de l'enseignement scientifique dans les écoles normales. À l'origine de la conduite des premières enquêtes empiriques sur les inégalités à l'école, le Musée pédagogique rassemble des inspecteurs, des instituteurs, desmagistrats, des médecins concernés par l'espérance mais aussi par les problèmes que porte l'obligation scolaire. »

Ici, l'un des enjeux de l'exposition publique de la recherche est moral, comme le montre la conférence que donne Ferdinand Buisson aux instituteurs délégués à l'Exposition universelle de 1878, et précisément intitulée « L'intuition morale » : « Menez un soir quelques-uns de vos élèves les plus âgés et les plus sérieux [...] à l'heure où s'éteignent les bruits du travail et de la vie, et faites-leur lever les yeux vers le ciel étoilé. Ils ne l'ont jamais vu. Ils n'ont jamais été saisis de cette pensée des mondes innombrables, et de l'ordre éternel, et de l'éternel mouvement de l'univers. [...] Ouvrez-leur les yeux à ce ciel plein de mondes, qui revient tous les soirs nous rappeler ce que c'est que de nous, en nous mettant face à face avec le véritable univers. Cela aussi Messieurs, c'est une leçon de choses. – Vous ne savez pas l'astronomie ? – Qu'importe ! Il ne s'agit pas de science, il s'agit de faire passer dans l'âme de ces enfants quelque chose de ce que vous sentez [...] [Ce] qui me préoccupe surtout, c'est la difficulté d'être toujours sur ce terrain à la hauteur où vous voudrez être, de parler très dignement de ces grandes choses, de présenter à vos enfants une suffisante image de l'idéal moral et d'en entretenir le culte dans leur âme. »

Pour s'imposer à tous, la morale ne suppose donc pas seulement un dispositif pédagogique d'argumentation scientifique, mais aussi une élévation qui la rende à la fois sensible (digne, aimable, proche) et incommensurable (transcendante, nous dépassant infiniment), qui en fasse en quelque sorte l'objet d'une conscience publique pour parler comme Émile Durkheim.

Par ce rapide détour historique, j'ai voulu interroger deux qualités politiques possibles de l'exposition publique de recherche : une qualité collective et une qualité morale. L'exposition de recherche oblige à rassembler des chercheurs d'horizons différents, qui au-delà de la polémique de la raison, articulent leurs enquêtes et leurs résultats dans un espace partagé par un concernement commun. L'exposition de recherche peut être aussi une expérience morale, qui permet de re-présenter un phénomène, en l'élevant en généralité par une connaissance sensible et savante afin de le rendre à la fois incommensurable et partageable.

Bertrand Ravon, sociologue, professeur, Centre Max Weber (UMR 5283), Université Lyon / Saint-Étienne.

TABLE DES MATIÈRES

Commissariat

Commissaires

Pascale Pichon, sociologue, maître de conférences HDR, Centre Max Weber, Université Lyon/Saint-Étienne.
Marie-Haude Caraës, politologue, directrice de la recherche, Cité du design, Saint-Étienne.

Soutien au commissariat

Élodie Jouve, ethnologue, Centre Max Weber, Université de Lyon/Saint-Étienne.
Claire Lemarchand, designer, chargée de recherche, Cité du design, Saint-Étienne.
Grégory Lacoua, designer-scénographe, Paris.

Scénographie

Grégory Lacoua, designer-scénographe, Paris.
Sandrine Fonteneau, graphiste, Paris.
Matthieu Foulet, vidéaste, Paris.

Production et communication

Cité du design

Conception graphique du catalogue

Cité du design

Remerciements

Claire Gillio, Danielle Ballet et Jeanne Levasseur, responsables des programmes de recherche au Plan urbain puis au PUCA, pour avoir accepté de revisiter leurs souvenirs lors d'entretiens menés par Pascale Pichon, à la Fondation Charles Léopold Mayer à Paris.

Léonardo Antoniadis, photographe et anthropologue, réalisateur et enseignant en photographie qui a filmé gracieusement ces trois entretiens et Manuel Ameinero-Alvarez, technicien audiovisuel à l'Université Jean Monnet, qui a effectué avec Marine Maurin et Élodie Jouve le montage des films.

Fabienne Montérymard, Odile Barou et Danielle Augagneur de l'Université Jean Monnet, pour leur aide précieuse dans le montage financier et le suivi du dossier.

Françoise de Bastiani, pour son sens de l'accueil et de l'organisation.

Nicole Marchand-Zanartu, pour son hospitalité parisienne et ses critiques toujours à propos.

Jean-Marie Firdion et Maryse Marpsat qui ont répondu aux questions de Katia Choppin.

Tous les chercheurs qui ont fait confiance aux commissaires et aux membres du comité scientifique en proposant des matériaux de recherche.

Tous les monteurs de l'exposition.

Organisateurs

Centre Max Weber, Université de Lyon/Saint-Étienne, Cité du design.

Partenaires

Saint-Étienne Métropole, Lyon Science Transfert, PUCA, Dihal, UQAM, CRI, Université de Lyon, Université Lumière Lyon 2, Ville de Saint-Étienne, Pact Loire, CSPRP, Paris Diderot 7, York University, Université de Sherbrooke, Fonds Pascal.

Cet ouvrage est imprimé sur du papier Tauro 120 gr.
Achevé d'imprimer en mai 2012 sur les presses de l'imprimerie Chirat, Saint-Just-la-Pendue, France.

Dépôt légal : Bibliothèque nationale de France, mai 2012.
ISBN : 978-2-912808-49-3

3 rue Javelin Pagnon
42000 Saint-Étienne